第二版

魅力香水的品香与审美

陈孟桃 编著

MeiLi XiangShui De PinXiang Yu ShenMei

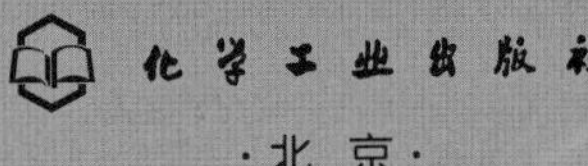

香水被誉为“液体的钻石”“无声的乐章”“热情的花朵”“流淌的霓裳”，而在我国大多数人不用香水，也不了解香水。本书就教您识香、选香、用香，并给您讲述46个有趣的香水故事，陪您走进真正的香水世界。

阅读本书我们可以了解香水文化，认识香水的时尚、品位，进而从各个角度提高品香与审美能力，让香水展示出非凡的魅力，装点自己时尚、新潮且多姿多彩的生活。

图书在版编目(CIP)数据

魅力香水的品香与审美/陈孟桃编著.—2版.—北京：化学工业出版社，2017.7

ISBN 978-7-122-29800-3

Ⅰ.①魅… Ⅱ.①陈… Ⅲ.①香水-文化 Ⅳ.①TQ658.1

中国版本图书馆CIP数据核字（2017）第118079号

魅力香水的品香与审美（第二版）

责任编辑：王淑燕 宋湘玲　　装帧设计：史利平
责任校对：王 静

出版发行：化学工业出版社（北京市东城区青年湖南街13号 邮政编码100011）
印　　装：中煤（北京）印务有限公司
710mm×1000mm 1/16 印张13 字数248千字
2018年2月北京第2版第1次印刷

购书咨询：010-64518888（传真：010-64519686）
售后服务：010-64518899
网　　址：http://www.cip.com.cn
凡购买本书，如有缺损质量问题，本社销售中心负责调换。

定　　价：58.00元
京化广临字 2017——6号

前言

《魅力香水的品香与审美》在2010年5月出版之后，已经过了七个年头。

本来没有第二版了。我自己买的400本新书也送完了。但是在《当当网》上的购书者的留言，一共120条，其中有115条是说“这本书不错”，占留言总数的95.8%。4条说一般，还有1条说不好，废话多，没有说“香”。令我特别感动的是留言者中有27条是夜里24点以后到第二天早晨6点之间的深夜留言。在这个时间段，还在看这本书，还留言，我觉得这种敬业的精神和学习的热情，非常令我感动。所以我想尽我的绵薄之力，再修改、补充一些新的内容，特别是第九章香溢汽车，几乎全部重写，并且把我以前积累的一些新的资料，奉献给读者，对近些年来没有解决好的“车载香水的透发力”问题，提供一些比较可行的解决方案，另外，还提供一个可选用的《透发力强的香原料数据表》附在本章后。

本书第二版还有一个新的看点，是我的制作高档香水的发明专利《香水制剂及其制备方法》,专利号：ZL 201410065651.9，国家知识产权局并于2016年4月21日批准授予专利权，并于2016年7月6日颁发专利证书。在此之前，我已经用此发明专利技术生产出《富豪女香》（Gold）礼品装、《机遇》（Chance）、《海洋男香》

（Ocean）、《东方精灵》（Genius）等。

发明专利批准授权后又制作推出了多批梦幻香型新产品。如《天堂香梦》（Tartaros）、《花样年华》（Season of blossom）、《花缘情圣》（Cupld）、《知遇》（Fluke）等。获得广泛好评。

还有就是我的第二项发明专利：《长效留香香水、香片及其制作方法》，发明专利号：ZL 201510385821.6，其也于2017年7月20日获得国家知识产权局批准授予发明专利权。用此发明专利技术已经制作出留香三年半以上的香名片等多种香片，正在推广应用中。更可喜的是，该香片还有“传染香”的功能，放在小钱包里，能够让放在一起的身份证、银行卡、钞票等都带香，堪称神奇！

我觉得，车载香水曾经是我们一个很受欢迎的品种，以前的车载香水很多，但是款式的时尚不够，加之一些技术也还没有完全过关，需要很好地改进、提高，前景肯定会更好。

七年过去，我国人民的人均收入，已经突破7000美元了，比2009年又翻了一番还多。如此高的人均收入，自然对提高生活质量，有了更多的期许。特别是对香业的消费会更多、更好了。

我们知道，发达国家的香业很发达。而香业是提高生活质量的关键产业，也关系到人们的衣、食、住、行。我希望有更多的香迷们一起来普及、推广香文化，开发、生产出新的更好的香产品，为人民的健康服务，为天下人留香。

我们还知道，人类的健康除了合理的营养和适当的运动外，还需要增进香的应用，调理心态，平和心境，赢得身心一致的健康！

香业不仅是大健康产业，而且还是新兴的礼品产业，更是范围广泛的文化产业，前途无量的朝阳产业！

陈孟桃

2017年5月

人不可一日无香

香水，古往今来许多名人雅士，把它比喻为“液体的钻石”，是指它在人们的眼中高雅华贵；把它比喻为“无声的乐章”，因为它让人们领略到美妙的旋律；把它比喻为“热情的花朵”，因为它为人们的生活增色添艳；把它比喻为“流淌的霓裳”，因为它给人们增添流光溢彩。

2003年，我国人均年收入已超过1000美元；时过四年，到2007年年底，达到2360美元；到2009年，人均年收入已经接近3000美元，可以说已进入初级的小康生活。特别是很多的城市，人们已经进入了享受型的生活水平，他（她）们新的追求就是充实美好生活的内涵，进一步提高生活质量。同时从文化层面着眼，香文化无疑是人类的先进文化之一；发达的香文化，不仅美化人们的生活，改善生活环境，还有助于提升人们的文化素质，提高企业乃至所在城市或地区的文化品位和美誉度。

根据香料化学家多年的研究表明：香料的分子运动促成了香氛的扩散。香料对于人类的七情六欲都有催化强化作用。香氛能营造温馨的环境，让你身心愉悦，增强求知欲和创作欲望，也有益健康；香氛能提升你的气质，增加亲和力，令你人际

关系加强，社交成功率提高；香氛还是催情高手，助你在恋爱、约会时赢得先机；香料也有美容、医疗的功效，令你青春长存，延缓衰老；香氛助你爱情温馨、家庭和睦，令生活充满美好和阳光。

我们的先人以“禾”“曰”创造了“香”字，“禾”者粮食也，“曰”者说也亦或是也，就是说，粮食就是“香”，这就是最初“香”的含义。

民以食为天，人们追求“色、香、味俱全”。由食物说开去，人们对于香的喜好越来越多。谁不希望生活在香的环境中？在一定程度上，“香”体现了人们的生活水平。于是美化生活，提高生活质量，自然就会联想到“香”。人们喜闻乐见的香花、香草、香水、香料接踵而来，给人们以美的享受和雅的熏陶。

服装是我们生活的必需品，除了面料品质、款式和颜色之外，你还可配以适当的香水，起到时尚、新潮的效果，为你增色添彩。因为服装的面料、款式和颜色只有视觉效果，如果用了匹配的香水，就会增加嗅觉和味觉的效果，甚至还可幻化出听觉效果来。因为人性化的香水，会带给你许多的想象和浪漫，时尚与新潮也就寓于其中。如此说来，我们要求时装与香水搭配也就成了另一个“色、香、味俱全”。

住房里用香薰是我们祖先的传统，可以美化自己的居住环境。现代的居屋品位就高雅多了。用香薰、香水消除紧张，营造温馨的氛围，几乎是新一代房主人不可或缺的。

而行在路上，你的“宝马良驹”更是要备好“鞍”，驱除异味，你当然要把车内环境装点得优雅、温馨，有品位、有内涵，树立起靓车和车主的良好形象。高雅的汽车香水会帮助你打理这一切。

“香”不仅有益于个人，而且有益于社会，它已经形成了一种“香文化”，一种体现人类文明、健康向上的先进文化。一个香文化浓厚的社区、城市，给人的第一感觉是高雅、文明，使人身心愉快，有很强的亲和力；人们本身也有强烈的美的追求，香的向往。浓浓的香文化的熏陶，会提升你的气质，展示你的魅力，陶冶你的情操，令你享受到美好生活。

“香”是一个美好的字眼，也是一门范围广博、内容丰富的科学。它涉及的面很广，几乎无处不在。

香水是现代生活高雅的象征，著名的香水大师加布莉埃•香奈儿曾经说过：“不用香水的女人是没有前途的女人。”诗人瓦莱里也曾说过：“不洒香水的女人不会有未来。”当然，这种说法有点过分，但香水的确有着不可小视的作用。特别是对年轻一代，香水已经成为生活必需品，是美化生活、美化环境、提升气质、展示魅力的高雅物品。

爱美之心人皆有之，但什么是真正的美？就香水而言，什么样的香最好、最美，美在哪里？含蓄是美，距离产生美；时尚是美，高雅也是美；悬念是美，想象力更是美……在我们深入研究、探讨香水的品香与审美过程中，你会深深地领略到香水美的享受和香文化的熏陶。

当我们在使用、推广、普及香水的时候，首要的是了解、普及香文化，充分认识香文化的内涵以及香水的时尚、品位，进而从各个角度提高对香水的品香与审美能力。让香水展示出非凡的魅力，装点现代社会和现代人时尚、新潮且多姿多彩的生活。

笔者在多年的实践中深有体会，愿以此拙见示人，但求抛砖引玉。

融合着浓浓香文化的香化产业，是前景十分美好的朝阳产业之一。随着国民经济的快速发展和人民生活水平的逐步提高，香化产业会越来越多地进入我们的日常生活。它也营造一种新的文化氛围，给社会以温馨，给人类以美好。

编著者

2010年1月

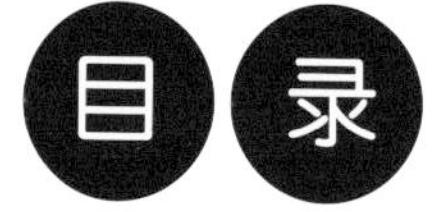

目录

目录

第五章 高雅品位 69

第六章 闻香选香 83

第七章 巧用香水 95

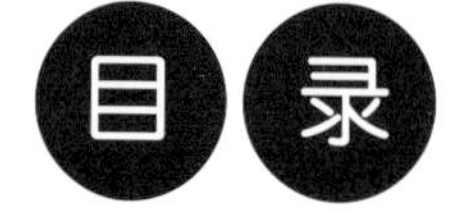

目录

第八章 结缘时装 ...103

第九章 香溢汽车 113

第十章 名香趣闻 131

目录

第一章 香之追源

一、起源

早在人类出现以前，那些鲜花和香草就作为美丽景色的一部分而摇曳多姿地存在于地球之上了。后来，到原始社会，人们最早的衣食与治病，修身养性以及祈福祭祀都离不开香料。可以说，人类社会有多长的历史，香料乃至香水、香薰就有多长的历史，它存在于人类最早的文明之中。

随着人类社会的发展，香料及香水、香熏乃至多种香化衍生产品相继问世，人类活动中的宗教仪式、祈福、祭祀，发展到后来民间的婚丧喜庆、社交礼仪、驱疫避秽，以及驱害灭病等，香书写了人类更多的原始文明，形成了灿烂的香文化。

以香达信，寄托人们的情思、哀思，也寄托自己的期望和对未来的憧憬。特别是科技还不发达的古代，烧香祈福就更普遍了。

早在15万年以前，当时已经有人用焚烧有香味的草木进行祭奠，这大概是最早的香薰，此后一直用于宗教仪式。但是我们祖先使用香水与香薰的记忆，却变得模糊不清而无从考证。

（一）中国

人类已知的史料表明，香料最早是在古老的东方被应用的。早在5000年前，我国就已应用香料植物驱疫避秽；用烧香祭奠祖先，用香味表达对先人的怀念和对美好生活的憧憬。

在我国古文明史的早期，相传神农（炎帝）“教民耕作，栽种桑麻，烧制陶器……为民治病，始尝百草”。其实百草都是香料植物，仿佛人类与香料与生俱来就结下了不解之缘。

我国最早的诗歌总集《诗经》（公元前770年—前476年）的305篇诗歌中，提到的植物有178种，动物160种，其中许多植物如“百卉”“百谷”“百蔬”“百果”“百草”等都有提及。这五“百”其实都是植物香料。

而早在2300多年前，伟大诗人屈原就将香料植物写进了《离骚》，全篇2300多字的长诗用花草树木等比拟手法，赞扬或痛斥当时的社会现实。其中记载花草树木竟有55处之多，提到了44种植物香料。诸如“扈江离与辟燕兮，纫秋兰以为佩”“朝饮木兰之坠露兮，夕餐秋菊之落英”“芳菲菲而难亏兮，芬至今犹未沫”等。

为纪念屈原的端午节活动，更把芳香疗法推广成为“全民香文化活动”。节日期间人们向江中抛撒带蓼叶香味的粽子和雄黄酒，以凭吊屈原的英灵；焚烧或熏燃艾、蒿、菖蒲等香料植物来驱疫避秽，杀灭越冬后的各种害虫以减少夏季的疾病；饮服各种香草熬煮的“草药汤”和“药酒”，以驱除体内积存的“毒素”。如此这些，都给我国的香文化添上浓墨重彩的一笔。

长沙马王堆一号汉墓是长沙国丞相轶侯（利苍）之妻辛追的墓葬，辛追去世约为公元前165年—前145年。女尸手中握有两个香囊，内装药物；另外椁箱中也有四个香囊、六个绢袋、一个绣花枕头和两个竹制的香薰炉，内装有辛荑、肉桂、花椒、茅香、佩兰、桂皮、姜、酸枣粒、高良姜等，共有药物248种，方剂283首方，芳香植物占很大比重。这是世界历史上发现最早、最有价值的古墓之一，那些为数众多的完美的古代芳香植物的标本弥足珍贵。当时人们使用熏香和佩带香药以避秽、驱邪、祛病、养心安神或作日常生活用品，是一种时尚。

公元前104年的《神农本草经》，载入的药物有365种，其中252种是香料植物或与香料有关，1997年收入国家药典的就有158种。此后，司马迁所撰的《史记•礼书》中有“稻粱五味所以养口也，椒兰、芬芷所以养鼻也”的记载，说明汉代人们已讲究“鼻子的享受”。《汉武内传》描述朝廷“七月七日设座殿上，以紫罗荐地，燔百和之香”。当时熏香用具名目繁多，有香炉、熏炉、香匙、香盘、熏笼、斗香等。汉代还有一种奇妙的赏香形式：把沉水香、檀香等浸泡在灯油里，点灯时就会有阵阵芳香飘散出来，称为“香灯”。

从马王堆汉墓中出土的烧香炉

盛唐时期不但各种宗教仪式要焚香，在日常生活中人们也大量使用香料，并将调香（调配天然香料）、熏香、评香、斗香发展成为高雅的艺术，后来传入日本演变成“香道”流传至今。

明朝李时珍在《本草纲目》中详细记载了各种香料在“芳香治疗”方面的应用，其实例不胜枚举。

在清朝和民国直至现代，香料在我国已被十分普遍地栽培、观赏和使用，香料已经成为人们喜闻乐见的高雅物品，人类文明的优雅象征。

19世纪至20世纪初，香薰业悄然兴起，并很快进入人们的视野，在欧美发达国家率先进入家庭和医疗、美容领域。香薰已经被纳入生活，并渐渐成为生活必需品。

说实话，我们对香薰并不陌生，早在1910年，出生于缅甸的华人兄弟胡文虎、胡文豹就在新加坡推出了万金油，以及后来的清凉油、风油精、百花油、祛风油等，其实都是香薰油，都是芳香疗法的精油。举例来说，风油精的配方：薄荷脑40%、冬青油33%、桉叶油（尤加利）12%、薰衣草油3%、丁香油4%、樟脑3%、白矿油3%、柏木油2%。看看这个配方就知道，风油精的主要成分实际上就是植物精油。精油对人有神奇的功效，就如同中药对人体的功效一样。

从1709年第一款香水——古龙水，到后来1889年第一款现代香水“姬琪”问世，期间分别至少断层了200年或120年，香水没有传入中国。

直到20世纪80年代，中国才有了现代香水的生产厂家，但档次、质量和品牌都还在中低档的起步阶段，还没有一家时装品牌的名家兼做香水的，但相信很快就会改变这种局面。

（二）世界

1. 源于东方

在西方人的眼中，中东、北非和亚洲都算作泛指的东方，因而香料与香文化源自东方是确定无疑的。

早在5000年前，几乎与我国同时，埃及人已懂得使用供奉神灵的香烛；4800年前，没药树的树脂被古埃及人用作保存木乃伊的防腐剂；而普遍被用于宗教仪式的同时，以后又被用作药材；古代人类文明的摇篮之一的美索不达米亚平原（今伊拉克）的苏美尔人，就曾经将香料用作药材；古希腊、古罗马人也早就知道使用一些新鲜或干燥的芳香植物可以令人镇静、止痛或者精神振奋；古巴比伦人在3500年前就懂得利用熏香防病治病；3350年前的埃及人在沐浴时已使用香油或香膏，并认为有益肌肤。

2. 最早寻香

在国外，最早有历史记载的寻香活动大约在3500年前，在古埃及尼罗河畔的底比斯（Thebes），在女王哈兹赫普撒特的神庙里有系列壁画，记录了当时一个古埃及的船队到“彭特之地”（Land of Punt）去寻找一种叫“没药”（Myrrh）的香料。他们还寻找其他散发着浓郁异国情调的芬芳植物。据说古代最大宗的香料植物“没药”和“乳香”，只生长在阿拉伯半岛（现今的巴格达一带）和非洲索马里，而航船驶过红海之后，那个叫“彭特”的香料之地就会出现在眼前。

人类同香料的早期交往史中，可追寻到许多使用香料的印记。香料已在人类的社会生活中扮演着重要的角色。

3. 拓宽用途

公元前1500年，研制香料的技术取得了突破性进展，香氛第一次得到广泛的接受。其中一种被人推崇的香薰疗法是：结合没药、檀香木及广藿香的香味，它们使人神经松弛，在舒适平和中悄然入睡。约在公元200年，在中国的一本古药书籍里，罗列了一系列的香料草药，而后来都被用作研制香薰。佛学经文中更指出涂抹香薰油可以让身体产生能量，使精神焕发，延年益寿。

生活中香料的“玩赏”用途，也是阿拉伯人首创的。阿拉伯人喜爱印度的檀香、中国的麝香和东南亚的丁香，将这些香料当做商品进行贸易。阿拉伯人发明的酒精，为调制香水问世铺平了道路。以蒸馏法从植物中提炼香成分，也是阿拉伯人的创举。无需赘言，正是这些技术的产生，才有了今天的香水与香精。

4. 香水萌芽

“香水”的英文“Perfume”源自拉丁文“Parfumare”，意思是“透过烟雾”（thought smoke），在弥漫缭绕的熏香雾中，感受到香的抚慰和愉悦，也感受到精神的放松。其实，香水穿透的岂止烟雾，它甚至于穿透了历史和岁月。

早在公元前1500年，埃及艳后克莱奥帕特拉（Cleopatra）就已经用15种不同气味的香水洗澡了。她甚至规定，公共场所都要喷涂香水。埃及人最初制造香水的方法是：用油浸泡香料植物，再用布把这种液体过滤一下，或者把花瓣揉进脂肪里，来吸收和保存它们的香味。

古代希腊，做香水的都是女人，她们吸收并改进了埃及人的方法。罗马时代，除了引进阿拉伯的没药和乳香，还从海上引来魅力十足的印度香。富裕的罗马人在室内装饰、宠物、军旗上喷洒香水，以显示他们的奢华。

5. 传入西方

香料史上一次大的进步发生在中世纪早期，阿拉伯人发明了大规模的植物蒸馏法，波斯境内盛产玫瑰，而玫瑰油使巴格达成了“香之都”。一些新的更有魅力的香料品种被发掘出来，比如麝香，它能留香40年。人们把它混入泥浆中用来修建宫殿，使之能保持浓郁而持久的香味。著名的（伊朗）波斯王宫，那古老的宫墙已有千年以上的历史，据说现在还能嗅到轻微的麝香味。

相当长一段时间里，香料业几乎都属于阿拉伯世界。十字军东征后，从地中海东岸诸国回到故乡的将士，为他们的妻儿带回了妙不可言的香料和香水制品，从而大大地刺激了这种新的需求，也揭开了香水发展史上新的一页。

二、发展

（一）香水问世

使用酒精的香水从阿拉伯传入欧洲。14世纪时，一种被称为“匈牙利水”的香水诞生了。听来神秘，制作却相当简单，据说最简单的只需将迷迭香浸入酒精即可。当年的匈牙利王妃对此爱不释手，并将其誉为“返老还童的神水”。但这种单质香料的酒精溶液，既没有调香，也没有出现令人喜爱的复合香水味，因而香水业界不把它当做真正够格的香水，只能算是香水的起始雏形。

到了1709年，意大利约翰•玛利亚•法丽纳在德国科隆用紫苏花油、摩香草、迷迭香、豆蔻、薰衣草、酒精和柠檬汁制成了一种异香扑鼻的神奇液体，被称为“科隆水”(“古龙水”)。这可能是世界上有记载的第一款真正香水，但不是“现代香水”。

（二）宫廷盛事

香水业是从16世纪开端的，意大利的凯瑟琳•德•梅迪西（Catherine de Medici）将要去巴黎与法国国王完婚，凭借自己的高贵身份，她把香水变成了巴黎的时髦物品。当时宫廷里都流行戴白手套，而洒了香水的手套很快在宫廷里流行开来。这也引出了后来有名的“毒药香水故事”，此时，世界上的香水就从法国开始起步。法国第一家香精香料生产公司1730年诞生于格拉斯市，后来发展到最多的时候达到了上百家。格拉斯市也成了当今世界最负盛名的“香水之都”。

酷爱服装和化妆品的法国人对香水表现出了异乎寻常的热情。路易十四嗜香水成癖，成了“爱香水的皇帝”。他甚至号召他的臣民每天换涂不同的香水。路易十五时期，蓬巴杜夫人和杜巴莉夫人对香水的喜好不亚于对服装的兴致，宫内上上下下纷纷效仿，于是每个人的饰物和服饰，乃至整个宫廷都香气四溢，被称为“香水之宫”，整个巴黎也成了“香水之都”。路易十六的皇后玛丽•安托瓦内特尤其喜欢一种以堇菜、蔷薇为主要原料的香水。这时，再次掀起香水沐浴的潮流，回复罗马时期之后不曾有过的奢华。当时香水更被认为具有缓解疲劳、松弛神经和治疗疾病之功效。当时人们在手帕上洒以香水，随身携带，令全身散发香气。后因玛丽•安托瓦内特在法国大革命期间被处以绞刑而死，故而得名“绞刑之精”。另一位香水迷是拿破仑。征战期间，他一天用掉12公斤香水，当他被放逐到岛上时，香水用光了便自创薄荷制造香水，成为日后的香水典范。约瑟芬皇后对麝香情有独钟，以致留下了

“麝香皇后”的美名。

（三）香料革命

随着香水业的发展，种植花卉成为18世纪法国南部的重要产业并延续至今。随着香水业的迅速增长，对基本香料的需求大大增加，结果致使世界各地都生产用来制造香水的花草、水果、树木及挥发剂。

然而，天然香料的出产十分有限，更新很慢，因此很快就供不应求，这就大大阻碍了香水的发展。

19世纪下半叶起，随着化学工业的长足进步，合成香料面世，在香水界引发了一场革命。因为，在此之前，所有的香水均使用天然香料，而经化学物质融合诞生的新型香水，其香味完全不同于过去的香水。于是，香水制造商竞相开发新款香水，香水家族也由此迅速壮大，并奠定了现代香水工业的基础，香水业界迎来了姹紫嫣红的春天。

（四）香氛创新

20世纪初的欧洲弥漫一片自由和独立的风气。第一次世界大战后，人们从维多利亚时代解放出来，香水正好反映了当时崭新的自由风气。因为战争的关系，女性人口要比男性人口多出近200万。20世纪20年代的女性是浪漫的典范，她们从有限的选择中选取富有女性韵味的花香香气来展示自己的魅力。随着时代的演进，妇女走向社会，拓宽了眼界，于是香水的香味少了几分浓郁甜美，混合了柑苔温馨古雅的香气。当时，妇女的服饰、香水、形象都发生了从古典走向现代的变化。这一切，法国时装大师香奈儿（Chanel）功不可没，她创造了世界上第一款加入乙醛的香水——“香奈儿5号”（Chanel No.5）。这款经典香水飘散着高雅、浓郁的芬芳，体现出新时代女性的自立和理性精神，使身穿职业装的妇女庄重而迷人。随着妇女社会活动领域的扩大，妇女开始在不同的场合使用不同的香水。法国著名的娇兰（Guerlain）化妆品公司在1889年推出首款东方香型的香水“姬琪”（Jicky），用完美的金字塔式三段香调成就了世界上第一款现代香水，表现出奔放的激情和成熟的韵味。此后，散发着东方香料和东方植物奇异香味的香水深受妇女喜爱。

（五）结缘时装

在法国，香水业的发展可以说和时装业的发展有着密切的关系。香水业与时装业的结合是一种具有划时代意义的文化联姻。时装设计师们发现在时装上撒些香水会为时装表演和销售香水带来极好的效果，于是，便纷纷兼售香水。最早承做时装和销售香水的是布瓦雷公司，随后又有香奈儿时装公司等。1921年5月5日，香奈儿公司推出了“香奈儿5号”香水，获得了世界性的成功，被视为法国香水发展史上的里程碑。至今各名牌时装公司几乎都保留自己牌号的香水，当然也有几家自开始就是经营香水的名牌商号。

（六）与时俱进

1. 比翼双飞

20世纪40年代的第二次世界大战明显地影响了香水生产，法属印度和东印度群岛及香料供应国因为战争而中断生产，因而刺激了商人自制香料。战争也把妇女拖入噩梦，美国妇女争购香水送给赴前线的亲人，期盼前方来信中的香味儿，带给对方存在的感觉。战后，香水业迅速发展，新鲜的花香给饱受战争之苦的人们以深情的慰藉。莲娜•莉兹(Nina Ricci)的香水“比翼双飞”(L’Air du Temps)仿佛送给人们一束晨露中摘取的鲜花。1947年，法国时装大师迪奥(Dior)推出了他的服装惊世之作——“新风貌”(New Look)，同时推出他的香水“迪奥小姐”(Miss Dior)。被称为“新风貌”的衣裙妩媚如花，“迪奥小姐”的芬芳温馨优雅，真正使战后的妇女再现芳华。“新风貌”时装+“迪奥小姐”香水=珠联璧合+锦上添花。

2. 美国崛起

20世纪50年代的雅诗•兰黛(Estee Lauder)女士结合当时的文化，为香水带来了戏剧性的影响，也为美国香水业带来了新的契机。1952年雅诗•兰黛公司推出“朝露”(Youth Dew)，这款飘逸着花果清香，洋溢着青春气息的香水，让人感到轻松、随意，从此打破了只有在隆重场合才使用香水的惯例。

3. 追求前卫

20世纪60年代的年轻人视香水为时装，青年反叛思潮兴起， 摒弃传统成为时尚。香水也开始追求前卫风格，出现了异彩纷呈的流派。著名的国际影星玛丽莲•梦露曾经说过，晚上用“香奈儿5号”代替睡衣。这一名言至今还在坊间流传，成为人们茶余饭后的谈资笑料。

4. 时尚流行

20世纪70年代，女权运动高涨，女士们开始脱下裙装，换上长裤，涂起男士用的淡香水。富于清凉柑橘味儿的“Eau Sauvage”最受时髦女性的青睐。迎合社会思想，迪奥公司的“迪奥之乐”（Diorelle）和香奈儿公司的“克里斯苔拉”（Cristalle）相继问世，带给妇女新感觉。表现妇女高雅风格，别致不凡的“珂洛艾伊”（Chloe）、“奥斯卡”（Oscar）也颇受欢迎。这个时代，香水中的杰作当为伊夫•圣•罗兰(YSL)的“鸦片”(Opium)，散发出诱人的东方之香，其名称惊世骇俗。雅诗•兰黛在1978年推出的“白色亚麻”(White Linen)加入了茉莉、玫瑰、铃兰和柑橘等香料，成为高贵而爽朗的香水，让人感觉到香水也可以是日常用品，并非特别场合才可以使用，使得香水在发达国家逐渐普及起来，形成了一个流行高潮。

5. 情思怀旧

传统回归、情思怀旧的20世纪80年代，也是香水创新的年代。雅皮士的智慧、富有和才华，使香水成为炫耀身份的象征。人们推崇香水味儿先人而至的豪华气派。“毒药”(Poison)香水弥漫着浓郁的芳香，吸引着无数成功的女性。女用的香水香气袭人，花团锦簇，男用香水也不再局限于清爽的淡香水。美国的服装名师拉尔夫•劳伦(Rauph Lauren)的“马球”(Polo)从包装到富有男性魅力的芳香，都让人感到强健的活力。此时的香水，往往是一个品牌两种香型，一种是男用(for men)、一种是女用(for women)。80年代香水的设计，似乎在探索人生哲理。美国服装大师卡尔文•克莱因(Calvin Klein)推出香水三部曲：“迷惑”(Obsession)、“永恒”(Eternity)及“逃逸”(Escape)，就像是在用芬芳陈述他对人生的看法，从沉迷走向

大彻大悟。1985年雅诗•兰黛推出“美丽”(Beautiful)，并提出香水的选择是很有个性的，涂香水的作用是与周围的人分享自己的感受和魅力。3年后，雅诗•兰黛再次推出“尽在不言中”(Knowing)，馥郁的香气更是让人无法忽略涂香者的存在。

6. 风行中性

20世纪90年代的香水潮流，已经不再像80年代那样是浓郁香水的天下。90年代的女性已对刺鼻的香味厌腻了，因为她们认为，自己无需浓浓香气吸引别人对她的注意，所以转而选择能与她们擦出新火花的香水。女性喜爱香水给予她的舒适感和诱惑力，甚至使其诱发她对某种感觉的联想。女性喜欢嗅到男性香水所散发出来的迷惑异香，而男性反过来亦然，中性香水便能满足他们对异性香水的好奇和渴求。男女共用香水便是90年代的时尚香水概念。“CK one”“CK be”中性香水，Bvlgari的“绿茶”香水等等，均产生于中性取向的香水新时代。时装设计师川久保玲对中性香水的诠释是：它是为每一个“自己”而设计的，无论你是男性还是女性，你自己才是最重要的。Bvlgari 的“绿茶”香水，灵感来自茶艺及有关茶的文化，因为茶和茶艺向来代表生活上的情趣，借茗茶来休闲冥想，更是快乐逍遥的体验。中国是茶文化的故乡，对于中国人来说有一种亲近感，也有一种优雅、舒心、清静和绿色环境的氛围。此款香水是专为崇尚自然简朴、悠然自得及懂得生活艺术的男女而设计的。卡尔文•克莱因（Calvin Klein）的“CK one”更是不用多说，其在全球取得的巨大成功，反映着今日的世界大气候，那便是每个人都保持真正的自我，但同时也懂得与他人分享一切。

7. 百花齐放

时光跨入21世纪，香水业也进入了新纪元。

经历了近90年辉煌的“香奈儿5号”(Chanel No.5)，依然星光灿烂，以年销售六亿美元的业绩向全球挥洒美丽；扬名世界的最贵香水“欢乐”(Joy)，高调走进美国奥斯卡影后提名人尊贵的礼品包，展示出无与伦比的艳光四射和绝代风华；高挑、血红独艳的一支罂粟花作外包装的“高田贤三之花”女士香水赢得众多时尚人士的青睐，重复着“鸦片”“毒药”的走俏奇迹；而以幽雅花香见长的雅诗•兰黛的“霓彩天堂”（Beyond Paradise）和成熟、知性、有着东方风韵的兰蔻“奇迹”（Miracle）更为现代高雅女士们钟爱有加。

20世纪80年代，我国也开始发展香水业，先后有南京、北京、义乌和广州建立了专业香水厂，但发展速度都不是很快。其中南京巴黎贝丽丝香水已经发展得具有相当规模，它在2007年总产值已经达到2200万。上海虽然也在20世纪90年代初率先开启了中法合资的香水业，并打出了“百爱神”的香水广告，但只是昙花一现，很快又销声匿迹了。近20年来，在浙江义乌、江苏新沂和广州、汕头、珠海一带有许多民营香水厂先后建立，但主要是向中东、北非、印度等出口低廉价位的香水，其质量还未得到国民的普遍认同。

如前所述，在国外，时装业与香水业有着不解之缘。很多的名牌香水都依附于时装名牌，它们相互依存或者说文化联姻，是两厢情愿、相得益彰的好事，从而取得了比翼双飞、互利共赢的结果。像香奈儿、圣•罗兰、迪奥、纪梵西、范思哲、阿玛尼、Boss、安娜•苏等都是时装、香水共同发展得很成功的企业。然而在国内，至今还没有一家成功的时装公司引进香水的企业，这不能不说是件很令人遗憾的事情，值得我们认真思考。

在经济高速发展的新世纪，给人类带来时尚、新潮、美好生活的香水业及新型的香产业也进入了一个新的发展时期，可以预期，伴随着人们生活品质的提高，一个香文化发达的灿烂新时代指日可待。

产品展示

उत्पाद

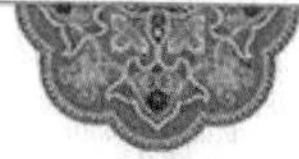

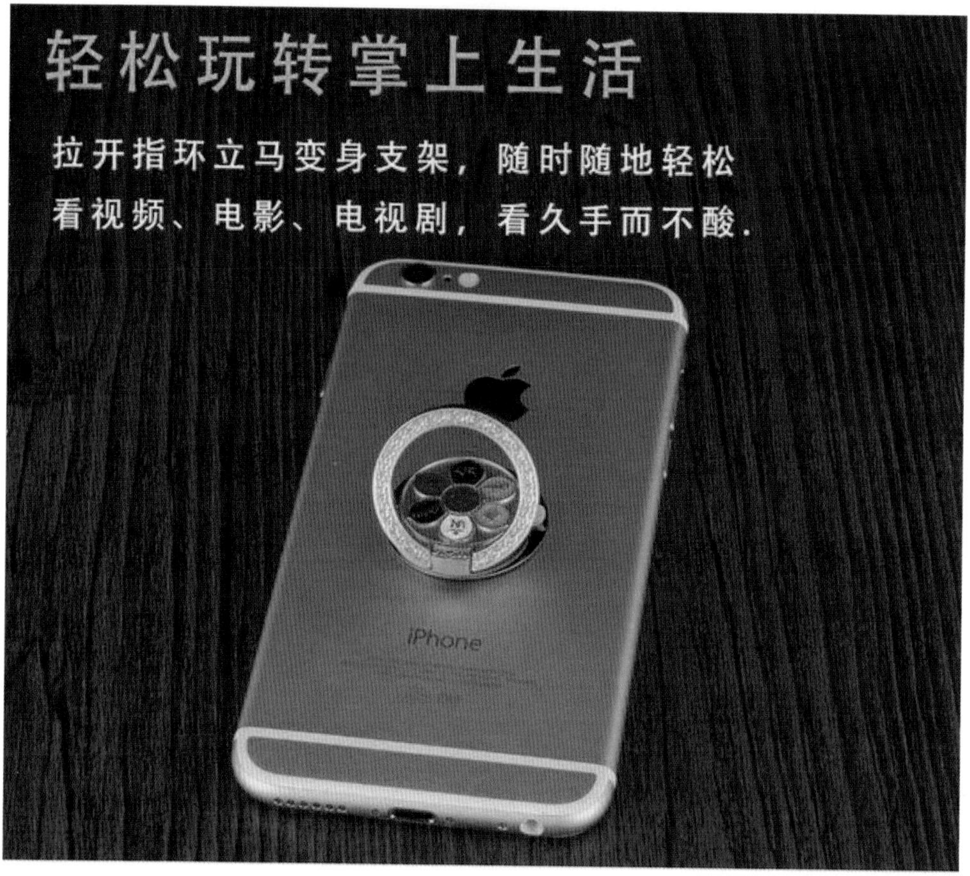

轻松玩转掌上生活

拉开指环立马变身支架，随时随地轻松看视频、电影、电视剧，看久手而不酸.

泽藏文化品牌——香味手机

在手机背面中部安装支架圆环中加填长效留香一年以上的香片。

长效留香片由发明专利201510385821.6提供技术支持。

时尚新品，泽藏香味手机，温馨梦幻檀香，品位幽雅怡人。

第二章 认识香料

调香师调出异彩纷呈的各种香水，皆出于千姿百态的各色香原料。调香师充分发挥思维灵感和魔幻想象力，生出的许多香型，源自于成千上万各显奇香的原料，这就是我们通常说的香料。广义地说，有味道的物质，比如说酸、甜、苦、辣、咸，甚至包括臭、腥、膻、涩等的物质，都可叫香料，因为有味道的物质经过调香师的精心调配，可生出各种让人舒心惬意的香味。

自然界生出了许多有特定味道的物质，已经发现有四万种之多，但大都不够完美，不能很好地满足人们的要求；而随着时代的进步，人们的要求也在不断提高，所以就有人为的调香，想使香味更加完美。把这些各种味道的香料，用科学的调香方法精心调制出来，比单一的自然香要好得多，也就是我们想要的那种人们喜闻乐见的香氛了。

现代社会比之于古代社会最本质的东西就是现代科技的发达，它的产品给人类增添了很多欢乐和新的内容，比如电视、手机和汽车等。天然香料在远古和近代，它们曾给人类带来了天然香氛，但时代前进、资源枯竭，人类自己创造的新香源取代了前者，这也是必然的！那些还完全迷恋于天然香的朋友们，也需要改一改那过去的传统，开始喜欢那些新型的合成香料和香水吧，过去没有手机时，你只用自然的空气传播，难道能不喜欢新科技创造的手机吗？

好香味是用各种不同的香料调制出来的，因此必须从了解香料开始，并且要深入地了解、学习，直到能更具体、更确切地说出好香味的标准来。

有兴趣吗？让我们一起来研究一下，一起来品香、审美，一起走进这香氛缭绕、色彩斑斓、令人陶醉的香文化园。

一、香料的分类

香料分天然香料和合成香料两大类。天然香料又分植物香料和动物香料两类。

天然植物香料是最早被人类发现并采用的香料，已有500多种被成功地开发利用，其中常用的有300多种。

天然动物香料比较少见，以名贵的麝香、龙涎香、灵猫香、海狸香为代表，现在均为稀世之宝，几乎不能用于调香，大多以人工合成香料取代。

18世纪以后，由于有机化学的发展，众多合成香料陆续问世。自1860年开始，有香兰素、香豆素、苯甲醛、吲哚、紫罗兰酮等；1900年后，有α-戊基桂醛、辛炔羧酸甲酯、羟基香茅醛，许多脂族醛、原醇及其酯类；20世纪40年代，合成茉莉酮、灵猫酮、麝香酮也相继合成问世。

到目前为止，合成香料已达5000多种。自然界已有的香料都有仿制品问世，而且还有很多不同方法、不同成本的同类产品。比如合成麝香就有二三十种之多，有二甲苯麝香、葵子麝香、酮麝香、佳乐麝香、吐纳麝香、麝香T和麝香105等。真的是百花齐放，推陈出新。

天然植物香料的采香主要有原油、精油、浸膏、树脂等。主要采集香料植物的花、叶、干、茎、枝、皮、根、果、籽以及树脂分泌物等含香部分，进行加工处理。可根据含香植物的不同形态，分别采用蒸馏法、压榨法、溶剂萃取法和吸附法等制成香料。

香料按用途来分可以分为食品香料和日化香料。

食品香料是用来加香食品的，对人体是无害的。它们必须经过国家食品卫生监督检验部门的充分论证和较长时间的检测方能确定，并公告周知。而没有取得上述认证的香料是不能用于食品的。在日化香料中，有些产品需要接触人体器官如皮肤、脸部五官等，加香也要慎重，不能有任何伤害或过敏性的作用。用于香水的香料就属于这一类。

二、香料的作用

香料对于人类社会的作用可以概括为三点。

（一）香料对人体的生理效应

1. 稳定情绪

香对人类生理、心理有着潜移默化的作用。科学家对香气影响人体生理变化情况进行了一系列的研究，比较了用香料刺激前后作为脑波成分之一的 α 波的强弱，结果表明：一般处于安静状态下 α 波增强；存在各种烦恼和负担时，α 波的量则减少。用香料刺激后，α 波量明显增大，说明嗅感香气之后，一定程度上使人的情绪好转，并趋于稳定。

2. 振奋精神

还有科学家在研究中发现：茉莉花香气能产生与咖啡因同样的兴奋作用；而薰衣草香气则有与镇静药类似的镇静效果。试验证明，人体温度随着精神状态的好坏而升降；而嗅香后能升高体温，取得与解除烦恼同样的效果。笔者也曾多次用精油调制出治疗失眠的香薰料，有很好的效果。

（二）芳香医疗

1. 嗅香疗法

香料对人体的生理协调作用，为人类开辟芳香治疗提供了理论依据。远在一百多年前，德国人克尼帕就提倡森林的自然疗法；20世纪80年代，日本人神山又证实了森林浴的治疗效

果。为什么人在森林中有神清气爽的感觉？原来是树木释放的一种香氛α蒎烯（一类萜烯化合物）具有缓解疲劳和调节精神的效果。法国病理学家卡特福斯曾试用芳香草药的精油治疗疾病，无论涂抹还是内服，都有一定疗效；日本长谷川直义介绍过用于治疗心身症的嗅香疗法，采用麝香的嗅香疗法可治疗晕眩症；还有一批心理学者对于嗅觉刺激所产生的心理效果，提出了“芳香心理学”。可以毫不夸张地说，我们祖传的中医药材都属于香料的范畴，我们人类的天然食物也是地道的香料。

2. 香薰医疗

芳香精油素有“植物激素”之称，主要通过以下几个途径作用于人体。

通过鼻息刺激嗅觉神经，嗅觉神经将刺激传至大脑中枢，大脑产生兴奋，一方面支配神经活动，起到调节神经活动的功能；另一方面通过神经调节方式控制腺体分泌，从而调节人体的整个内环境。香氛给人们营造了一个舒心、惬意的环境，使人较快消除疲劳，舒缓压力，平和心境。这种香氛缥缈的意境，使人心态好，有助于延缓衰老。

通过亲和作用直接进入皮下，精油分子一方面刺激神经，最终调节神经活动及内环境，另一方面直接改变了内环境，使体液活动加快，从而改善了内环境，进一步达到调节整个身心的作用。

香料化学家研究了许许多多的香料，发现确实有众多的香料对人的神经系统、嗅觉、味觉、触觉、皮肤、大脑等很多人体部位都有刺激作用，起到有益于美容、有益于健康的良好作用。

通过亲和作用迅速改变局部组织和细胞的生存环境，使其新陈代谢加快，全面解决因局部代谢障碍引起的一些问题。

通过亲和作用进入皮下,又经体液交换进入血液和淋巴,促进了血液和淋巴循环，加快了人体的新陈代谢。

精油分子也可直接杀掉病菌及微生物，还可进入人体，增强人体的免疫力。

3. 中医“百药”

香料是自古以来就用于润肤、护肤或治疗皮肤病的中草药。很多香料油都有三大特性，即杀菌、排毒和促进细胞再生的能力。

我国有古老而灿烂的中医文化。神农尝百草和李时珍的《本草纲目》，有很多都来自天然香料植物，证实了香科植物在治疗各种疾病中的功效和价值。

许多香精油有抑菌和杀菌作用，如肉桂和当归精油，在一定条件下可杀死血液中的炭疽杆菌；1922年发现黄樟素治疗口蹄疫的效果最佳；丁香、薄荷、肉桂和樟脑油对金黄色葡萄球菌、化脓性链球菌、厌氧青霉菌和白曲霉菌的抗菌效果很好。早年家喻户晓的万金油及后来的清凉油、风油精等，原料几乎全来自天然香料。这也就是我们现代所说的香薰精油。

抗菌能力强还是众多含醇香料、醛类香料和酚类香料的普遍特征。例如薰衣草、迷迭香、薄荷和樟脑治疗头皮病有特效；而柠檬铵、桂皮、枯茗、亚洲薄荷、留兰香和椒样薄荷的混合物对伤寒沙门菌有很强的杀伤力，堪与青霉素媲美。

笔者曾经用丁香油等多种天然香料配制成“护牙剂”，每天刷牙时在牙膏中掺一点点，已经23年没有牙痛过。以薰衣草为主体的香薰料通过笔者亲历，证实可以治疗失眠。

而更多的香料植物精油用于香薰医疗和美容，实例举不胜举。

德国香料化学家埃里希•克勒尔（Erich Keller）在新近出版的专著《香味的魅力》中，以崭新的关于芳香物质的理论学说，远远超越了传统的用香料为主要治疗手段的普遍原理，揭示了天然香料多种多样的作用和如何有效地利用它们为人类造福。他以实验为基础，调配出许多适合人们实际应用的复合配方，提供许多治疗和减缓疾病的良方供人们选用。

（三）提高生活质量

1. 催情香料

香料产生的香氛对人的情感都有一定的刺激作用，这是芳香医疗的理论基础。而香料中还有一族是催情功效相当强烈的，我们把它命名为催情香料。

催情香氛让人与人之间和蔼、温馨，友好相处；让男女之间情投意合，恋爱成功；让社交场上彼此相知，共取双赢；让人们提振精神，消除疲惫。

2. 异性相补

国际知名的生物学家和行为内分泌专家尼德莱卡•特勒女士说：“男子对女人来说十分重要，尤其一个男人的身体气味对于一个正常女性的生殖系统是不可缺少的。”她认为男子气味具有商业价值，并计划将男性气味制成雪花膏或香水，让它奇迹般地改进妇女的健康。法国的科学家发现，女性对一种名叫环十五烷的内酯物质很敏感，这种物质主要存在于男性的尿液中，是一种麝香味的物质，现在已经有人把它加在女用香水中。

女性气味对男性同样具有作用。鲁塞尔一家美容中心曾邀请10个国家的女性做了一次人体气味测试。首先，让她们用特制的消除体味的肥皂进行擦洗，然后令其运动出汗，接着再

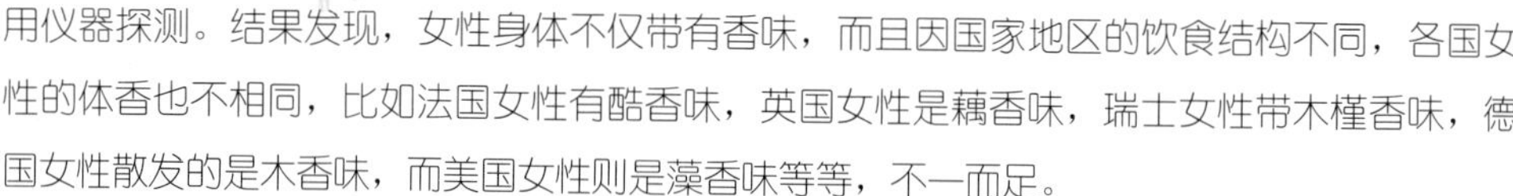

用仪器探测。结果发现，女性身体不仅带有香味，而且因国家地区的饮食结构不同，各国女性的体香也不相同，比如法国女性有酷香味，英国女性是藕香味，瑞士女性带木槿香味，德国女性散发的是木香味，而美国女性则是藻香味等等，不一而足。

3. 造福于人

现在可以说“人不可一日无香”，人们的衣食住行都离不开香料。

首先我们的食物要讲究色、香、味俱全，食物的香是刺激人们食欲的主要条件。除了食物本身的香气之外，好的香精香料和调味品，给食品增香调味，提高食品质量，增进人们的食欲，有益人们的健康。

人们生活环境的改善也是离不开香精香料的。您的衣着与打扮要用香水与各类化妆品；您的住所周围要栽种树木和香花绿草，室内要常使用些空气清新剂、香薰油与香蜡烛；有的还要使用一些除臭、驱蚊剂之类，尤其在农村更为必要。

人类与香料的关系只会越来越密切。人们对香的追求会孜孜不倦，始终不渝。因为，香会不断带给人们美的享受。

三、常用香料

要想很好地了解香水，打好基础是必要的，了解一些基本的香原料更是必要的。因为香水的香调经常要提到这些常用香料，我们不妨先耐心了解一些常用香料。

1. 玫瑰

别名月季、蔷薇。英文名 Rose。

玫瑰因其适应力强，在世界各地均能生长，不过仍以温带气候国家为主。目前全世界已知的玫瑰约有7000种。我国的山东平阴、甘肃苦水和北京妙峰山一带的玫瑰很有名。

当今最珍贵的上好玫瑰精油，产在保加利亚和土耳其，那里盛产大马士革玫瑰，品质最佳。六万朵花才能生产出一盎司（28.3495克）的玫瑰精油，由此可知，真正纯质的玫瑰精油是非常昂贵的。

玫瑰花富含维生素C，玫瑰精油质地温和，它的香味宜人、浓郁且持久。古代人们就已懂得玫瑰精油有振奋、提神、引起性欲的功效。在护肤上它特别适合敏感、干性、老化的肤质。它具有收缩微细血管的特性，所以对微细血管破裂的肌肤有很好的改善效果。

玫瑰

目前已知有17种不同的玫瑰香味。一般来说，好的玫瑰浸膏最接近鲜花香气，而精油和净油比浸膏的香气更飘逸而浓郁。

应用：我国早就用玫瑰花窨茶、浸酒和加工蜜饯、糕点等食品，同时更多的是用于日用化妆品和香水等行业；尽管调香的配方中用量很少，仅有0.03%，但据估计有75%的优质香水用了玫瑰精油。

由于天然玫瑰精油资源稀缺、昂贵，故寻求合成的玫瑰香料取代它是理所当然的，如结晶玫瑰、玫瑰醇等。

2. 茉莉

茉莉

别名素方、素馨。英文名 Jasmin。

茉莉盛产于地中海地区，以法国、意大利为主，埃及和我国广东也有种植；我国长江以南地区都有栽培，广州、福建、苏州等为主要产地。

茉莉花香清新脱俗，温婉而透发；在大量的清香成分中化淡为鲜，成为新鲜的花香。品种不同，香气各异。

茉莉净油稀少、价贵，使用合成品居多。

茉莉浸膏或净油广泛用于高档日化香精的配方中，也广泛用于现代香水中，估计有80%的香水中含有茉莉；在熏香中也有广泛的应用；还用于食品、饮料、茶叶、胶姆糖的加香。

3. 没药

别名末药、明没药。英文名 Myrrh。

没药是人类最早发现的香料之一。早在3000年前，没药就是古文明国家经常使用的药

没药

材、祭祀的供品及遗体涂抹的材料。古希腊人把它用于伤口愈合；我国明代李时珍的《本草纲目》记载了它对外伤与妇女子宫伤的效用。它喜欢生长在沙漠边缘、异常干燥的地方，由生长在红海岸边的各种没药品种的生物渗出物构成。没药油-树胶-树脂为黄白色奶液，在空气中会硬结，形成不规则的红棕色眼泪状硬膏。

没药的酊剂和流浸膏可用于制药；精油、香树脂和净油可用于日用香精中，是最早用于香水调制的香料之一，现在还有大约7%的香水用到它；偶尔也用于牙膏和漱口水的加香；纯净的树脂和精油可用于调味饮料、糖果、烘烤食品和汤料。

4. 龙涎香

鲸鱼

英文名Ambergris。

龙涎香是巨头鲸或抹香鲸内脏的病理分泌物。它们被冲到海岸边，如索马里、莫桑比克、爪哇、日本和马达加斯加，更多的是从捕杀的鲸鱼中发现的。

龙涎香具高雅、清灵的特殊香气，既有麝香气息，又微带海藻、苔香、木香与泥土气息；还有特殊的甜气和动情的温馨氤氲香气；香韵柔润、轻扬，有提调、圆和香气的作用。龙涎香在动物香中动物腥臭味最少，留香特别持久，甚至比麝香还长20~30倍，是最好的定香剂。

龙涎香主要用于高档日用香精，尤其是高档香水的调配必须用到它；也用于药物和熏香。天然龙涎香产量极少，价格也特别昂贵，故多采用合成的龙涎酮，市场上已有十多种合成代用品，但都无法与天然产品媲美。

5. 海狸香

英文名Castoreum。

海狸香是从海狸（哺乳动物）的液囊里面提取的一种红棕色的奶油状分泌物。从公元9世纪起就有人用，最早的使用者是阿拉伯人。这种动物在阿拉斯加、加拿大和西伯利亚常见。我国黑龙江、新疆、贵州有引种繁殖。

海狸香带有强烈的动物腥臭味，介于麝香与灵猫香之间，稀释后香气变得令人愉快。

它是四种动物香中最廉价的一种，但用途远不如其他三种，多用于日用香精中的协调作用与定香。高档香水调配中也广泛使用。调味品、糖果、烘烤食品等中用于加香。

海狸

6. 灵猫

别名大灵猫、中国灵猫。英文名 Civet。

灵猫

灵猫为食肉动物，原产非洲，后有非洲种和亚洲种两种。非洲大灵猫主产于埃塞俄比亚、几内亚和塞内加尔。小灵猫产于印度。还有缅甸、马来半岛和印尼的另一种灵猫。我国西部、华中地区及浙江都有灵猫驯养、繁殖。灵猫香膏是从雌雄灵猫位于肛门与会阴之间的尾根部腺体分泌物中提取的。

灵猫香是带腥臭的动物香，浓时令人作呕，是四个动物香中最臭的并具有腥臊气息，极度稀释后才有温馨的动物鲜香和灵猫酮的香气，兼具麝香和龙涎香的香气。雄的大灵猫香气较好，能扩散、提调，留香也好，还有麝香样香气的底蕴。

灵猫香主要用作香水调制中的增鲜、圆和、提调和定香，并增强透发力，是高档香水中不可或缺的原料之一，也可广泛用于日用香精多种香型的调制。

7. 麝香

麝鹿又名香獐。英文名 Musk。

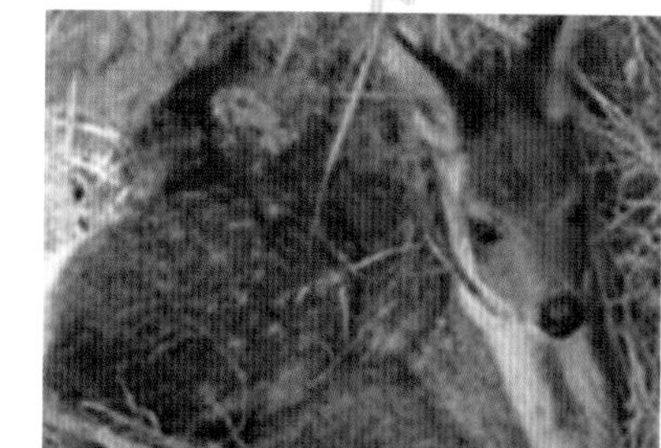

麝鹿

麝香是雄性麝鹿的香腺分泌物。现在世界上五种麝鹿即原麝、马麝、林麝、喜马拉雅麝和黑麝在我国分布都很广，四川、东北、华北、西北祁连山区、青藏高原、云贵高原、新疆都有野生动物，而四川、安徽已有人工饲养。中国是当今世界麝鹿资源最丰富的国家，约占70%~80%。越南、印度、尼泊尔、蒙古、西伯利亚南部也有少量野生。

麝香有清灵而温存的动物样香气，甜香不腻，腥臭气少，仅次于龙涎香，香气扩散力最强，留香也最好，是高档香水中必不可少的留香剂。

麝香是名贵的中药材和高级香料，在我国已有2000多年的历史。国内主要用于医药，是中药的珍品；极少用于调香，因为天然麝香已非常稀缺，且十分昂贵，目前麝香的价格大约是黄金的20倍。所以香精中大都采用合成麝香，市面上有一二十个品种。大多数的高档香水中都用麝香参与配方，对香水的香气圆和、协调、修饰起很好的作用，尤其是留香效果最佳。阿拉伯和波斯王宫曾用麝香混入三合土中，使建筑物留香几千年。

8. 薰衣草

英文名 Lavender。

薰衣草可野生、栽培并举，是多年生芳香植物，在地中海区域、北美、北非及一些欧洲

薰衣草

国家有生产和栽培。世界上最负盛名的薰衣草产地有两个，一个是法国南部的普罗旺斯，另一个就是日本北海道的富良野。我国新疆也很有名，甘肃、陕西等也有一定的生产基地。

薰衣草精油具有清香带甜的花香，香气透发，持久。

薰衣草油是香水的主要香原料之一，大约有20%的香水用到它。它还广泛应用在日用香精中，在调制化妆品香精和香水、香薰中功能独特，效果很好，尤其是治疗失眠症有显著效果，据说有医生建议用薰衣草油代替有副作用的安眠药；同时在食品、烟草、医药、陶瓷和环卫方面都有应用；对养蜂业来说还是很好的蜜源。

9. 幽谷百合

百合

别名铃兰、野百合、香水花。英文名 Lily of the valley（或Muguet）。

百合是多年生草本植物，分布于欧、亚大陆及北美洲。我国华北、东北等地有分布，东北产量较大。

铃兰香气幽雅而清新，既有茉莉花样的清鲜，又有金合欢与鸢尾花样的香甜。主成分为桂醇（约80%）。

铃兰浸膏是一种高级香料，可调剂多种花香型香精。由于合成香料工业的发展，已经有多种合成铃兰香料问世，仿制品几近乱真，且成本低廉，从而获得广泛的应用。

在香水中也不乏铃兰香气，在现代香水中有14%用到它。在香调中也时有出现，它的最雅致的百合花香韵令人喜爱，但大都采用物美价廉的合成品。

10. 广藿香

广藿香

别名派超力。英文名 Patchouli。

原产菲律宾和印度尼西亚，现扩种到马来西亚，马达加斯加、塞舌尔、巴西和巴拉圭有少量种植。我国主要种植于两广、四川和台湾。

取叶片经适度干燥后进行水蒸气蒸馏获得精油。

精油具干药草香、薄荷香气和木香底

韵，是植物香料中香气最强烈和留香最持久的一种。

精油广泛用于日用香精中。浸膏和净油也有良好的定香效果。有1/3的高档香水用到它，香薰也经常用到，效果不错。精油也偶尔用于胶姆糖、软饮料、烘烤食品的加香；在药物中的应用也很广泛，是典型的药物香料。

11. 檀香

檀香木

英文名 Sandalwood。

檀香是一种高大的常绿树，原产印度、马来西亚、印度尼西亚和斯里兰卡；而与之不同的澳大利亚南方、西部的檀香是一种小灌木。

最好的檀香油有极柔和、温暖而甜的木香，又微带玫瑰、膏香与动物香，香气前后一致而留香悠长。檀香木按树皮的颜色分有紫檀、白檀和黄檀，白檀的精油质量最好，但要30年以上的树龄才能萃取油，若是60年以上的树龄则成为檀香精油极品。天然檀香油也很昂贵，每公斤大约要人民币四万多元。所以一般采用合成檀香，最便宜的每公斤只有人民币60元左右。

檀香是东方民族用于宗教、雕刻工艺品、家用卫生香的传统香料，也常用于加香化妆品、香皂、香薰产品，有一半以上的高档香水会用它作基础香味和定香剂。著名的东方香型香水——“鸦片”（Opium）就是以它为主体香而调制成功的香水精品。

12. 乳香

乳香树

别名滴乳香。英文名 Frankincense。

乳香是人类最早发现并采用的植物香料之一。乳香树是一种矮小的乔木，树脂树胶是树干的切口处分泌的一种含精油的香料。乳香树原产于中东的两河流域及北非的沙漠边缘，广布于索马里、埃塞俄比亚及阿拉伯半岛的南部，还有土耳其、利比亚及苏丹等。

乳香具清甜膏香味，有淡淡的黄连木香，稍具龙涎香韵，并有微弱的柠檬清气和十二醛的油脂气息，香气温和留长。

乳香在医学上用于止痛、消肿生肌；宗教中则用于熏香；在日用香精中作为定香剂，在东方香型中尤为适宜；在现代香水中约有13%用了乳香。

13. 鸢尾

鸢尾

英文名 Orris。

鸢尾有野生和栽培的，属多年生草本植物。原产远东，也适应地中海地区，以意大利产量较大。我国云南、浙江有栽培。

新鲜鸢尾根茎并无香气，需贮存2~3年，方有鸢尾酮的香气。

鸢尾酮的甜气似紫罗兰花甜，但更香甜，又有粉香、木香，稍带果香底蕴。香气留香绵长，是甜香中的精品。净油香气优美，头香有弱木香，冲淡后反而有力透发。

鸢尾制品价格高，只用于高档日化香精中；而鸢尾精油在不少于20%的高档香水中使用。

14. 香脂

香脂

也叫香胶。英文名 Balsam。

香脂是树流出的一种带香味的树脂。常用的有秘鲁香脂(Balsam of Peru)、吐鲁香膏(Tolu Balsam)、苦配巴香脂(Copaiba)和安息香(Benzoin)等。

秘鲁香膏产自中美洲的萨尔瓦多，有温和的甜膏香，留香持久。

吐鲁香脂产于南美的北部地区（马格德林河谷和委内瑞拉），有风信子的花香，又有无花果样的气息，并带有香荚兰豆香。主香为桂酸与苯甲酸和它们的苄醇酯类气息，香气平和而留长，还有防腐功用。

苦配巴香脂产于巴西、委内瑞拉和哥伦比亚，有特别的香气，并带有微苦的辛辣味。主要作定香剂而用于辛香、木香和花香型日化香精及香水中。

安息香广泛生长于越南、老挝，还有苏门答腊和马来西亚；我国的云南、广西有野生，也有栽培，广东、湖南、福建也有少量出产。在日用调香上主要用作定香剂，同时也有抗氧作用，但有变色因素，使用时须注意。

香脂在现代香水中主要用作定香剂，同时也有圆和香气的作用，还有点香草香气，在

处理香水原料与香水催陈剂中也有应用。几乎在所有的香水制作中都用到香脂。

15. 佛手柑

又名香柠檬。英文名 Bergamot。

原产于意大利，在卡拉布里亚有大量种植，在地中海盆地和赤道非洲的大西洋海岸有少量栽培，我国云南、四川也有少量引种。

佛手柑

佛手柑油是从佛手柑橘树的果中提炼出的一种橘子味的香油，有一种清香带甜的果香。头香似柠檬，高质量的产品有弱的橙花及橙叶香气，还带有豆蔻、香紫苏气息，呈清灵新鲜之感；后有脂香、药草和一些膏香的体香与余韵。香气透发，但留香一般，所以在香水中多用作头香。

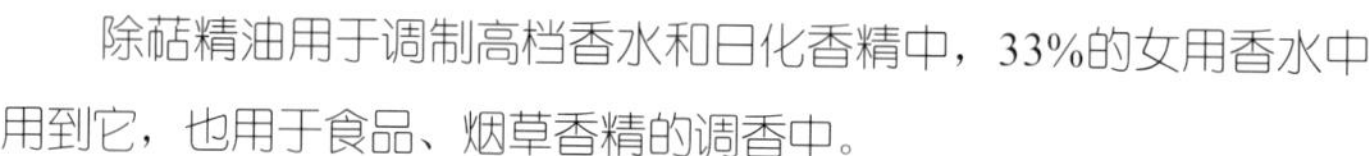

除萜精油用于调制高档香水和日化香精中，33%的女用香水中用到它，也用于食品、烟草香精的调香中。

葡萄柚

16. 葡萄柚

又叫圆柚。英文名Grapefruit。

原产于亚洲，但现在已经比较普及了。地中海沿岸的品种较多，而美国佛罗里达产的品质较精良，也是世界输出的大宗。就精油而言，以色列、巴西、美国加利福尼亚和佛罗里达出产的品质较好。此外，西印度（多米尼加、牙买加、特立尼达和多巴哥）和尼日利亚也有出产。

葡萄柚含有丰富的维生素C，常用来缓解感冒症状，人们闻之会充满活力，精力倍增；同时也含有较多的苧烯、圆柚酮、柠檬醛、香叶醇等。

大约30%以上的香水用到它。由于有干甜柔和的新鲜柑橘的香气，在配制古龙和海洋香的香水时，比较受人喜爱。

17. 岩蔷薇

又名劳丹脂，别名赖百当。英文名 Labdanum。

一种多年生常绿灌木的树胶。原产地中海塞浦路斯、克里特岛、西班牙等地；我国江浙一带也有引栽。

有温暖而甜柔的龙涎香、琥珀膏香的香气，也有花香、药草香，扩散性好且留香持久。

应用于调香中，作为定香剂而广泛采用，在33%的现代香水中采用它，是膏香中极重要的品种，也用于调制人造琥珀香及龙涎香。近年来用于香薰，取其浓郁的香气，备受关注。在糖果、烟草、烘烤食品的香精中也普遍采用。

岩蔷薇

18. 晚香玉

晚香玉

别名月下香、夜来香。英文名Tuberose。

原产中美洲，现主产于法国、摩洛哥和印度。我国也有种植，在房前屋后，庭院围篱，既可观赏，也作绿化，特别是其花期长，尤其是夜晚飘香更具魅力。

它的香气幽雅迷人，甜香浓郁赏心。

此为高档花香，但价格昂贵，只能用于高档香水及高档日化香精中。大约有20%的优质香水中用到它，号称世界上最昂贵的(1987年以前)著名香水“欢乐”（Joy），它的前调就用了晚香玉；而在多款高档名贵香水中，比如清幽可人的“霓彩天堂”，晚香玉出现在主香调中也是屡见不鲜的。

19. 香子兰

别名香荚兰、香兰草。英文名 Vanilla。

香子兰以墨西哥、马达加斯加、爪哇、科摩罗、留尼汪所产为最佳。我国广东、广西、海南、云南、福建有栽培。

清甜的豆香带有粉香与膏香，留香好。

香子兰应用于食品加香较普遍；在香水中用得越来越多，大约有1/4的香水用到它。现代欧美流行

香子兰

的汽车香水比较多地用到这种香料，笔者制作的用于汽车内悬挂和插空调风口的袖珍香水，尤其显得玲珑剔透，优雅诱人，获得市场的广泛认可。

20. 香根油

香根草

别名岩兰草。英文名 Vetiver。

产于热带，如印度南部、印度尼西亚、斯里兰卡、菲律宾、东非和中美洲，而最大的栽培基地是留尼汪、爪哇、海地和印度南部；我国自1958年引进栽培，现在江苏、浙江、福建、广东、台湾等有大量种植，已成为世界上最大的香根油生产国之一。

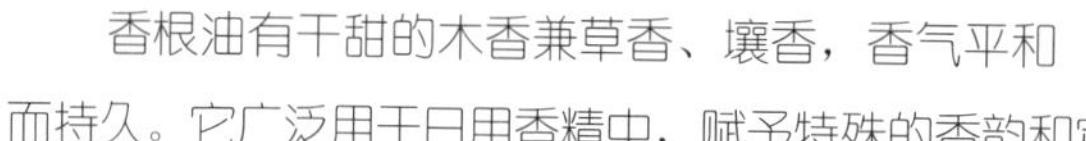

香根油有干甜的木香兼草香、壤香，香气平和而持久。它广泛用于日用香精中，赋予特殊的香韵和定香作用，用于36%的优质香水中。

21. 紫罗兰

紫罗兰

别名香堇菜、香堇。英文名 Violet。

原产于欧洲，在亚洲与北美也有野生或栽培。我国江苏、浙江、云南、福建、四川等地都有栽培。

既有绿叶的清香，又有优美的花香并略带壤香，香气扩散力强。

适用于高档日用香精中，用极少量即可得到极易扩散的优美天然香气。在30%以上的香水中用到它，但大多是合成的紫罗兰酮，因为天然的太过稀少，且价格过高。

22. 依兰油

别名香油树、依兰依兰。英文名 Ylang-Ylang。

原产于爪哇、菲律宾，现在整个太平洋群岛、马达加斯加、留尼汪、塞舌尔都广泛种植。我国云南、福建、广东、广西都有栽培。

✲ 依兰

它鲜清香韵，浓郁花香，略带苦味，是催情香料之一。

依兰油广泛用于日用香精中，可增加其花香香韵，且留香悠长。在香水中有40%用到依兰油。

另有卡南加油，经精准的研究确定为依兰油的同品异型物，英文名Cananga。

原产菲律宾，现主产于整个亚洲热带地区及印度洋岛屿，印度尼西亚居多。我国福建、广东、云南都有栽培。

卡南加底蕴是花香，略有木香、膏香及茴香气息，像依兰香但不如依兰好；少甜香，干粗重，但留香持久。它被视为低档的依兰油，由于价格低廉而得到广泛使用。

卡南加油多用于糖果、饮料等，在中低档香水中也被广泛采用。

23. 薄荷油

别名亚洲薄荷、鱼香草。英文名Mentha arvensis。

✲ 薄荷

在国际上“Mentha arvensis”既是指这种植物，也是指这种植物的精油。目前在巴西、日本、南非和中国都有广泛的种植。在中国，安徽、江苏一带种植最多。

薄荷香气有清凉感，醒脑。香气清新，强烈透发，凉而清幽，留香不甚长。在所有需要有清凉感的香精和赋香剂的配方中是必用的原料，在香水和化妆品中也有使用，而中药中用得更多。薄荷的产品有薄荷油、薄荷脑和素油之分，使用时各有千秋。

薄荷中还有一类是原产于欧美的欧薄荷或叫绿薄荷。希腊的古代药典都有对它利尿功效的记载，也有振奋精神的功用，甚至还有催情的功用；英国药典还记载它对肠胃或神经系统的调节功能，英国茶中有名的就是薄荷茶。

天竺葵

24. 香叶油

别名天竺葵。英文名 Geranium。

最大的天竺葵栽培地区曾是留尼汪，占世界精油产量的50%，其他产地为非洲的阿尔及利亚、摩洛哥、刚果、坦桑尼亚、肯尼亚和欧洲的俄罗斯、保加利亚、法国、意大利、西班牙。南非是野生天竺葵的唯一产区。

我国20世纪50年代引种到昆明，现已在滇中、滇西和滇东南许多地方栽培；江、浙、川亦有少量栽培。

香叶油蜜甜并略带清香，香气稳定持久。

香叶油是香料工业中最重要的精油之一，在日用香精中用途广泛，尤其在香水中用得较多，大约在50%以上，常作为东方香型、玫瑰檀香型、薰衣草香型等的主要香料，在调配其他的日用香精中也用得很多。

25. 风信子

又名洋水仙。英文名 Hyacinth。

原生长在小亚细亚和巴尔干半岛，在荷兰与法国广泛栽培，作为观赏植物或从中提取净油、制浸膏；我国河北、江苏、四川也有栽培。

风信子具有十分强烈的膏甜香，并带有茉莉的鲜韵和清香，留香很好。

风信子

风信子也是很贵重的天然香料，价格高昂，每公斤净油高达10000美元以上，因此只用于高档制品中，如高档香水（约有20%）和高档化妆品香精中。

26. 丁香油

又名丁子香、公丁香、母丁香。英文名 Clove。

丁香油原产于热带地区，如马鲁古岛、槟榔屿、留尼汪及桑给巴尔、彭巴和马达加斯加等地；我国海南有种植。

丁香油有花蕾油、叶油、梗油、净油与浸膏等五种，使用中各具特色。

丁香

丁香油由于有杀菌和抑制病菌的功效，因而在调香中不仅有很好的辛香，而且还能消毒、防腐。如食品香精、牙膏香精都用得较多，作者自配的以丁香油为主香的“护牙剂”已经存放和使用15年还香气依旧，没有变质。大约20%的香水中亦有采用，特别是香薰方面用得很多，是香薰疗法的热门精油。

27. 迷迭香

别名臭旦草。英文名 Rosemary。

迷迭香是最早用于“古龙水”中的主要香料。1709年诞生的“古龙水”，其主要原料就是迷迭香。

原产于地中海地区，在西班牙、法国、突尼斯、摩洛哥、前南斯拉夫、意大利均广泛栽培以提取精油，我国江苏、河北也有栽培。

迷迭香

迷迭香具强的清凉、尖鲜的药草香，给人以清爽之感，香气强烈、透发。

习惯上，迷迭香多用于医药卫生用品的加香，用于日化香精也较为普遍，尤其是香薰医疗中用得较多，也是催情香料之一，约20%的香水中亦多采用。

28. 桂花

又名木樨、金桂、银桂。英文名 Osmanthus。

桂花

原产中国，现南方各省均有种植，主产区为桂、两湖、贵、皖、苏、浙、闽、台等。主要品种是两个，即金桂和银桂。桂花精油主要由金桂提取。

桂花甜清花香，甜香以紫罗兰酮类的蜜甜为主，兼以橙花醇和香叶醇的醇甜；清香似茉莉带叶醇等清甜气息。金桂偏甜，而银桂偏清；香气浓郁而留香悠长。桂花是名贵的天然香料，主产品为桂花浸膏，香水中用约10%。笔者在汽车香水中采用此香，取名“贵人香”，广受欢迎。其主要用于食用香精，如糖果、糕点、饮料、酒类的加香，也常用于配制高档日化香精。

29. 白兰花

别名白玉兰、缅桂花。英文名Michelia alba。

原产喜马拉雅山和印度尼西亚，现东南亚各地都有广泛栽培；我国华南和西南各地也广有栽种，广东、福建栽培历史悠久，产量也大。

我国特产的白兰花油和浸膏是上等的天然花香料，用在15%的香水和高档日化产品中，非常高雅怡人，备受欢迎。白兰花的叶、根、花均可入药，花还可窨茶。

白兰花

30. 金合欢

金合欢

别名鸭皂树、消息花、金钱梅。英文名Cassie。

原产西印度群岛，后野生或栽培于温带气候的地中海沿岸国家，如黎巴嫩、摩洛哥和热带地区。我国福建、广东、广西、四川、云南、浙江、台湾等地都有生长。

它清甜的花香，有近似紫罗兰花带橙花样鲜清香气，也有覆盆子及香豆素样香韵，与温和的粉香、辛香及药草香融合，香韵留香悠长。

净油多用于高档日化香精中，用于高档香水亦屡见不鲜，约有10%。食用香精中用于增强果香，有好的效果。金合欢浸膏已列为我国允许使用的食品添加剂。

四、香料的分等

（一）广义香料

我们知道，就狭义的概念而言，香料就是在常温下能发出芳香的有机物质，闻之使人身心愉悦、振奋精神、陶冶情操、增进食欲等。上面介绍的30种就是典型的常用香料。每种香料虽有特征香味，但也各有优缺点，不是很完美。只有调香师把它们好好调配，去粗取精，去劣存优，配搭得当，才能调出真正的好香味。因为香料的范畴远不止这些，自然界提供给我们的食物、医用药物和很多日常用品都是香料的大范畴。因此，香料的准确概念从狭义的角度是难以定义和说得清楚的。这里必须引入广义的香料概念。

广义的香料是指所有有味道的物质，无论是动物还是植物，都归纳为广义的香料范畴。有人说，香料就是香料，怎么能与酸、甜、苦、辣、咸、臭挨得上边呢？事实恰恰相反，正是这个广义香料才能回答这个问题。举个例子，动物死后腐烂会产生最臭的物质，它的化学名称叫吲哚，一种白色的粉末；然而极度稀释的吲哚又是茉莉香的主要成分之一。

以上说明，把所有有味道的物质广义地称为香料是正确的。那么，在这些香料中，如何寻找到真正的上等香味的香料呢？我们不妨用香料分等的方法来选取好的香料。

（二）香分五等

✦ 大体说来，广义香料可以分为五等。

第一等香料

首先，在自然界中有酸、甜、苦、辣、咸、臭等各种味道，通常从人的本能会选取甜是其中最好的，可甜也有各种不同的甜，不是那种很直白的通常所吃的白糖、红糖等，而是我们最喜欢的果香、花香中轻柔的甜，通常称作甜清香。这里还要引入一个清香的概念，一般是出自花香中一股清气，柔柔的，纯纯的，淡淡的，非常清新自然的香气。如兰花、紫罗兰、金合欢、紫丁香、橙花等都有清香。而甜清香，如玫瑰花的醇甜，桂花的柔甜，橙花、茉莉的清甜等。当然还要是新鲜的甜清香，而不是陈旧的。最后也是最关键的是幽香。用甜、清、鲜、幽四个字来阐述，就是我们最喜欢、最需要、最高档的香气了。

上等香中还包括果香兼有花香者，如有兰花香气的佛手，有玫瑰香气的荔枝、葡萄；豆香兼有花香者，如有紫罗兰香气的香荚兰豆，有山楂花香气的黑香豆；佳木香，如沉香、伽楠香等；动物香中有最为名贵的龙涎香、麝香，而海狸香、灵猫香稍次之。

通常我们把上述的各种高档香统统划归第一等香。

第二等香料

香气比第一等香稍次，但仍是较好的上等香。

（1）天然果香，如甜橙、苹果、荔枝等，甜清香为主，品位高雅；

（2）木香，如檀香、广藿香、岩兰草等；

（3）草木中有类似花香气息者，如香叶、橙叶、白兰叶、玳玳叶、玫瑰木、玫瑰草等；

（4）合成的动物香，如多种合成麝香以及琥珀香。

第三等香料

香的品质还是不错的，但有杂味，有些负面因素。

（1）稍次一点的木香，如柏木、愈创木、楠木和合成檀香等；

（2）豆香中合成的香兰素、香豆素、洋茉莉醛等；

（3）草木香中有清香带青草气息者，如香茅油，清香带凉气者，如薄荷、留兰香、桉叶油和龙脑等；

（4）合成动物香中比较次一点的如硝基麝香、茚满类合成麝香、合成龙涎香以及次等的琥珀香等。

第四等香料

有部分的好香成分，但也有相当多不良成分，杂气较重。

（1）合成的果香中某些酯类和内酯类香料，如生涩的苹果、桃、梨、李子等。

（2）草木香中有樟脑气息者，如樟脑油。

第五等香料

未经提纯的原始香料，香味复杂难闻，较多的是未经加工的原始天然香料。

（1）原始的酸、辛、苦、油哈气等，如酸涩味重的劣质柠檬油，苦、涩、酸的橘子等。

（2）药草气特重的气息，如对异丙基甲苯、百里香酚、香荆芥粉、萘等。

从以上的分类可以看出，天然或者合成的香料，它的香气大都是不完美的，只有通过调香才能改善这种不好的局面，才能不断提高香产品的质量水平。了解基本香料并熟悉运用它，才能调出更好香韵的香精，以满足人们不断增长和不断提高品位的需要。

第三章 香水特性

香水的种类繁多，各有特性，充分了解香水的各种特性，才能选用适合你的香水。

一、香水的选优

要想调制出最上等的好香，就必须首先认识这种香，寻觅到这种香。这是一个长期的动脑又动手的艰苦过程。

从调香的角度来审视：仿香是调香的初级阶段，是人们仿制自然界已有的香味；而创香才是新调制的香味，我们通常说的幻想型才是调香师的独立创造，是一种出自调香师头脑中的思维创造，而且是自然界本来没有的香型。这也是人们最感兴趣、最有悬念、最具想象力的香，因而备受人们青睐。现在市场上长久受到人们喜爱，一直畅销不衰的名牌香水，皆是如此。比如大名鼎鼎的“香奈儿5号”（Chanel No.5）自1921年5月5日上市至今，已经过去近96个春秋，依然光彩夺目，星光灿烂，受到越来越多人的喜爱与青睐。

什么样的香水才是好香水？许多人便会脱口而出：好闻的就是好香水。如果再追问一句，好闻的标准是什么呢？得有一些具体的条件和要求来说明，让大家都容易明白。

前面已经介绍过广义香料的概念，我们知道，从单一香料来说，很难找到理想的香料，因为天然香料原本有其香气特征，也有一些是不好闻的杂味。再说这些原始的气味即酸、甜、苦、辣、咸，甚至于臭味的物料，必须经过精心调配才会获得好的效果。

据科学家确认，婴儿出生之后，最先成熟的器官是嗅觉，他很快就能嗅出妈妈的气味，从而认识自己的妈妈。凭着本能的嗅觉，他喜欢甜味，甜是这五种原始味道中最好闻的；而甜中最好的应当是在果香和花香中的清甜，不是那种白糖、甘蔗的“土”甜；甜清香是从花香、果香中找到的，或者说是带有花香的果香，果香、花香中轻柔的甜，通常称作甜清香。这种甜清香往往难以用文字表达清楚，只有在实践中才能真正意会到。所以调香是一门真正的实验科学，你自己亲力亲为就会领略、品尝到个中真谛。这不是一学就会的技巧，而是在不断实践中循序渐进、潜移默化中提高的。

还有最重要的一点是“幽”，幽香是最有魅力的香气，它就像人们俗称的“鬼火”那样时隐时现，飘忽不定，似有若无，像“幽灵”一样，是那种最能勾人的香气。而这种勾人的香气就是我们常说的魅力了。

我们通常说的“含蓄产生美”“距离产生美”，在香味的辨别上表现得淋漓尽致。香气直白的单一香味如玫瑰、茉莉等容易审美疲劳，没有含蓄，也没有悬念，激不起你的想象力，所以就是低档香气了。

幽香着重在一个“幽”字，这可不是随便取的名，而是确有其事。像“幽灵”一样就足以说明这种香气的神秘感，极富想象力，它不是那么容易看透的。越是看不透，越使人们很想看透它，激起你的好奇心，撩起你的求知欲。你不由得上了它的“圈套”——那是人们很愿意上的圈套，这就是魅力。有魅力的香气是好香，那这种香水就是上等的好香水了。

按甜、清、鲜、幽四个字挑选出来的香韵就是好香气、好香水了。

二、香水的个性

香水也像人一样有它的个性，正如姬仙蒂婀香水公司总裁玛优若•罗格所说："香水并不仅仅是一种嗅觉体验，香水更是一款高雅艺术品，有一份情感包含在其中，它代表使用者的'个性'。"许许多多的事实证明：没有个性的香水，肯定会随着时间的流逝而消亡。

2000年雅诗•兰黛（Estee Lauder）公司曾就不同个性的人们推出了一系列与其个性相匹配的香水。他们把香水赋予不同性格人的个性，把雅诗•兰黛公司出品的香水分为七个系列，分别命名为：

情怀浪漫者，如"美丽"（Beautiful）香水。

文静洒脱者，如"白钻"（White Linen）香水。

情思缠绵者，如"迷惑"（Spellbound）香水。

趣味高雅者，如"私人收集"（Private Collection）香水。

矜持自信者，如"尽在不言中"（Knowing）香水。

刻意追求者，如"朝露"（Youth Dew）香水。

机灵活泼者，以上系列都可选用。

其实，从真正的文化意义上来讲，香水的选择总是反映出其使用者本身的文化个性特点的，只有用了自己喜爱的香水，才能放松心情，享受这份激情，这正印证了美国香水大师芭芭拉•翠希所说的，"女人的个性就集中体现在她所追求的香氛味道上，一个有个性的女人是不会选错自己的香水的"。

✦ 根据我国实际情况，我们可以把香水大体分为以下几种个性。

1. 高贵典雅

高档香水中不乏高贵典雅的品种。这类香水一般不像普通的花香、果香之类，而是有一种特有的香味和气质，让人感觉不事张扬，却印象深刻，回味无穷。比如伊丽莎白•雅顿公司1996年推出的"第五大道"（5th Avenue），就是一款气质高雅的名牌香水,散发着智慧优雅，

大都市女郎的气息。众香之巢伊丽莎白•雅顿的“第五大道”，集精致、经典、时尚、优雅于一身，丁香、兰花的幽香贯穿前中后调，瓶身采用帝国大厦的样式，显得高挑、明快而冷傲，既彰显了她从纽约第五大道开始的事业，又充分体现了她尽善尽美的理想和不屈不挠的精神。一看那高雅的香水瓶和伊丽莎白的名气，令人顿生仰慕和渴求之心。

“迪奥小姐”香水

还有如“迪奥小姐”（Miss Dior）、“洛卡斯夫人”（Madame Rochas）、“透纱”（Organza）、“皇家香露”（Eau Imperiale）和“奥斯卡”（Oscar）等一大批名牌香水，也都是经典的高雅香水。高层次的知识女性、高级白领都很钟情于这类香水。

2. 活泼浪漫

活泼、浪漫的“香奈儿5号”香水

香水中很多都有活泼浪漫的气息，比如“香奈儿5号”，这是一款花香醛香调的非常热烈、浪漫的香水，它精致地诠释了女性独特的妩媚和婉约；“狄娃”（Diva）的香气纷繁多彩，和“贵妇沙龙”（Boudoir）的性感提纯浓香，有着最时髦、最浪漫的香韵；卡尔文•克莱因的“迷惑”（Obsession）香味浓烈，性感迷人；资生堂的“让•保罗•戈蒂埃”（Jean-Paul Gaultier）和“夏日香薰”（Summer Fragrance）以及夏帕瑞丽的“震惊”（Shocking）、“Zut”等香水风格浪漫、性感甚至于妖艳，而且你只要一看到那形似女人身段或胸衣的香水瓶就足以撩人至心旷神怡。

还有一批运动型香水，如始创者拉尔夫•劳伦的“远征”（Safari）和“POLO”运动香水（Polo Sport Woman）等都不乏活泼、浪漫的风韵。

在喜庆、快乐、恋爱、休闲中的女性，无疑都是活泼浪漫的情绪占了上风，这类香水正中下怀，定能舒心惬意。

3. 开朗自信

开朗、自信的兰蔻“奇迹”（Miracle）女香水

兰蔻 (Lancome)“奇迹”（Miracle）是当今最流行的香水之一。当你徜徉在中国香港最繁华的中环街头，你会深深感受到香港白领女士们对奇迹香水的喜爱。这款2001年才推出的兰蔻新款香水，清新、甜美带有个性的基调，创作出代表曙光与希望的粉红色香水，献给智慧、美丽及开朗、自信皆具的新女性。

1998年，Boss设计师推出了令全球男性瞩目的新款男性香水“自信”（Boss Bottle）。这款香水的设计灵感源自于1923年同名的男装品牌，这一服装品牌引领了数十年的男士服装潮流。Boss第一瓶香水于1993年推出，现在，Boss的香水已成为全球香水市场的主要男香品牌。

Boss“自信”男香成功诠释了男人的自信与品味，“自信”男香在亚洲地区的日本、韩国以及中国香港都受到热烈的欢迎，气味清新而充满男人的简洁与自信，值得推广。

伊丽莎白•雅顿的“红门”（Red Door）香水展示着女人开朗自信的品格。它气度不凡，

充满活力，令女人的进取精神发扬光大。“红门”是伊丽莎白•雅顿的美容沙龙，开世界化妆品品牌宣传的先河，它是沙龙里最为成功的香水，也是雅顿最畅销的香水。对年轻人来说，应不算最佳选择，但对老年人来说，又太过强烈而不拘了，所以泰然自若的成熟女人应该算是“红门”的知音。

还有“爱斯卡达”（Escada,1990），拥有强烈的女性魅力和自信的感性色彩。纪梵希1998年推出的“奢华”（Extravagance），主题是高雅的贵族气，透出一种沉稳的自信。而兰蔻的“珍宝”香水以“拥抱我”为主题，这是一款有历史和记忆的香水，无论从香水的风格或金字塔的瓶形都展示着开朗和自信。

4. 清新淡雅

这类香水清丽脱俗，气质高雅，不事张扬。如三宅一生的“一生之水”(L' eau D' issey)，是一款妖媚而清新的女用香水，基调充满了森林的气息，幽远而宁静，令人迷惑的麝香将所有余下的香息一并捕获，散发出最后的浪漫。这样一瓶聚集了人世间种种香息的“一生之水”，将女人的柔情与水之汪纯融为一体，似乎体现着“云在青天水在瓶”的深刻禅意。

另有安娜•苏的“许愿精灵”（Secret Wish）、纪梵希的“爱恋”（Amarige）和兰蔻的“诗”（Poeme）等,都是比较清新的一派，纯朴自然。更有白领一族喜爱的“沙丘”（Dune），在清新中融入了海洋气息；“甜蜜自述”（Dolce Vita）清香中隐现出淡雅木香；伊丽莎白•雅顿的“绿茶”香水和克莱因的中性淡香水“CK one”“CK be”都是很受人青睐的优质香水。自20世纪90年代以来，这些香水受到很多青年男女的喜爱。尤其在中国，大多不太喜欢香味浓烈的香水，转而青睐这种以甜清香为主的清新香韵，已经形成了一种潮流和时尚。笔者配制的“东方精灵”的女用香水，就深得香迷们的好评。

安娜•苏的“许愿精灵”（Secret Wish）女香水

5. 神秘内涵

有的香水具有神秘的东方风情雅韵，

“冰火奇葩”(Pure Poison)女香水

不容易被人们所认识，有一种琢磨不透的感觉。如二十世纪七八十年代先后问世的“鸦片”(Opium)、“毒药”(Poison)香水，一时被香水业界斥之为撼动传统的另类，但事实上却受到了女士们，特别是追求时尚的人们高度的关注和热烈的欢迎。“鸦片”香水自1977年在欧洲上市并获得巨大成功后，第二年在美国也获得空前的成功，并成为在美国有史以来最畅销的圣•洛朗香水。

在香水业界，东方神韵已自成一派。被称为世界上第一款现代香水的娇兰“姬琪”，就是一款半东方香的高雅香水；世界上最贵的香水“毕坚”（Bijan）也有着浓郁而神秘的东方风韵；还有“露露”(Loulou)、“水仙美少年”(Narcisse)、“黄昏”(Theorama)、“轮回”(Samsara)、“美妙滋味”(Dilicious)、“活力”(Raffinee)、“天籁”(Sacrebleu)、“奥斯卡”(Oscar)、“震惊”(Shocking)等。

东方香调已经是香水业界的一大流派，广受欢迎。作为东方神韵发源的东方香，受到喜爱是意料中的事，神秘、含蓄，美在其中。

6. 阳刚透发

不是所有的香水都只能展示女性的温婉与柔美，也有展现男性阳刚之美的个性香水。在众多的男用香水中，首先要提出的是大卫•多夫，他在1984年率先推出第一款男用香水“Chassic”之后，接着又推出他的得意之作“神秘水”(Davidoff Cool Water)。“神秘水”在欧美市场是男士香水的主流产品，深得众多男士的喜爱。

范思哲牛仔系列香水，是由牛仔充满浪漫与激情的生活中获得灵感而创作出的香水精品，它专为向往自然感觉的女士和男士设计。“红牛仔”由小苍兰、依兰花与百合带来自由喜悦的开端，由麝香、香草和檀香木带来神秘兴奋的感觉，令人惊喜；“蓝牛仔”由茉莉花和紫罗兰的馨香带来温柔的感觉，与令人振奋的雪松、檀香木的清爽怡人感觉一起散发，像夏日晴朗天空中的微风一样沁人心脾。

1991年日本人高田贤三（Kenzo）推出的“高田贤三之水”和2002年推出的“高田贤三之竹”是对坚毅、柔情男士的真实写照，它有浓郁的海洋气息，令人感觉清爽，富有活力；与具有海洋风味、清爽宜人的“马球运动”（Polo）有异曲同工之妙。这两款香水都曾获得众多

2002年高田贤三推出“KENZO之竹”男香水

男士的青睐。

还有，1988年圣•罗兰推出的“爵士”（Jazz）是馥奇香型著名的男用香水品牌之一，其香气主要由木香、田园气息、烟草气息和琥珀、龙涎香组成，颇具现代气息。“爵士”香水的黑色主调包装和大写的“JAZZ”标志令人瞩目。

前面提到的“鸦片”（Opium）和Boss“自信”男香都是深得男士青睐的极品香水。

另有“迈克尔•乔丹”（Michel Jordan)古龙水，由于是用NBA巨星命名，备受瞩目，从而畅销市场，经久不衰。

近年来，倩碧公司推出的“快乐”（Happy）男香，以刚柔相济的男人形象问世，受到众多男士的喜爱，因为那深邃、清纯的甜清香，加上辽阔深沉的海洋气质，与男人的形象挺对路的。也正是这样的气质，或者是爱屋及乌吧，很多女士也青睐这款“快乐”香水。

三、香水的分类

香水自问世以来，已经推出了成百上千的品种。存放在法国国际香料香精化妆品高等学院香水陈列室的从古至今的1400个香水样品，其中有配方的就有500个。它是人类香水史上弥足珍贵的艺术瑰宝，而且还在不断地推陈出新，可谓日新月异。

（一）香水的品种

怎样在众多的品种中选择适合于自己的香水呢？我们不妨先从分类着手。

香水大体上有四大类，分述如下。

1. 浓香水

包装上的标志为 Parfum。

香水浓度为15%~25%，持续留香时间为5~7小时，是最高品质的豪华香水。因留香长久，

每次只需少量涂抹腕部等重点部位即可，喷雾时注意少喷。一般欧美的人们比较喜欢用它，大概欧美人肉食较多，体味也较重，而且性格比较开放、张扬，所以这种香水有很好的市场。但在我国，喜爱这种浓香水的要比欧美少一些。

2. 香水

包装上的标志为Eau de Parfum（简称EDP）。

香水浓度为10%~15%。我国市场上多为这种香水，持续留香时间为5小时左右。我国自行生产的香水也多取这种浓度，比较适合我国人民的用香习惯，因而广受欢迎。

3. 淡香水

包装上的标志为Eau de Toilette（简称EDT）。

也称香露，香精含量为8%~15%，是目前消费量最大的香水种类，而且容量大，香型多种多样，价格中档，很受消费者欢迎。持续留香时间为3~4小时。香味清新轻柔，更适合上班族和青年学生等。

4. 古龙水

包装上的标志为Eau de Cologne。

香水浓度为3%~5%，是香水中最早面市的品种，以男用香水为主。留香时间很短，大约1小时。经过多年的演绎和进步，如今的古龙水已经大有长进，不再是过去那种低档香水的代名词了。现代古龙水已经不只是一个“古龙”香型而已，而是把香精含量3%~5%的低浓度香水都称为“古龙水”，与花露水有点相似。但花露水香精含量更低（常低于3%），含30%左右的水，因为花露水的主要用途是消毒杀菌、止痒消肿，人们通常是把花露水作为卫生用品。而古龙水则是“低浓度香水”，不是作为卫生用品的。

也有人把市面上的剃须水、香水剂等列为第5类（Eau Fraiche香水），香精含量为1%~3%，可给人带来神清气爽的感觉，但留香时间较短。

（二）香水的香型

可以从本身的香型来进行分类，这种对各种香型的粗略描述，反而简单明了。如花香型、果香型、木香型、柏香型、琥珀香型、皮革香型、柑橘香型、松香型、草香型、甜香型、辛香型、烟香型、醛香型、浓香型、淡香型、海洋香型和东方香型等。

近年来，法国八月香水社团试着规范香水的类别，归类为芳香、蕨香、柏香、木香、东方香和皮革香等六族，它们都还包含着很多细分类别。

✦ 根据我国的具体情况和我国各族人民的生活习惯，我们大体上归纳为七大系列香型。

1. 花香系列（Floral）

种类最多，也最受女性欢迎的香味。除了玫瑰和茉莉香味较为浓郁之外，其他的都非常淡雅，而淡雅正是我国大多数人所喜闻乐见的，体现含蓄的、不事张扬的性格。

2. 草绿香系列（Green）

这是一种比芬芳-花香系列更刺激、更清亮的绿草清香味，由嫩草香、羊齿香、藻香和柑橘香混合而创造出一种绿野草的清凉感觉，是20世纪90年代最流行的香味之一。这种香精的挥发性比较高，因此多在室外运动时使用。男性香水居多，也有女士青睐，因为它彰显女人的高挑、苗条和清新、明丽。

3. 纯自然香系列（Chypre）

相传是在欧洲十字军东征时，从中东、北非、塞浦路斯岛带回来的古典香水，其中旭蒲鹤香水是世界上最古老的香水之一。这种香水的香味干爽、沉静、令人迷恋，现代香水也大胆起用这种香味。

4. 现代香系列（Modern,Aldehype）

因为自然界的香资源有限，开辟人工合成香料以部分取代资源枯竭的天然香料是势所必然，而香型领域的扩展也迫在眉睫。这一系列的合成香料是在19世纪末发现并迅猛发展的。因此它提供了一种自然界没有的，很有个性的略带前卫的花香，如果和天然花香系列的香精配合起来，往往能产生一种令人惊讶的效果。如世故练达、成熟迷人的“香奈儿5号”香水就是以这种香味为主的。

5. 东方香系列（Oriental）

香气浓烈、刺激而长久，具有典型的东方神韵。所含的麝香、龙涎香、香草香、檀香的

成分比较高，因此适合晚上使用，给人一种朦胧、高贵、典雅、神秘的气质。它也是一直流行不衰的香味，如1889年娇兰出品的世界级现代香水“姬琪”（Jicky）现在还可以买到。

6. 烟草/皮革系列（Tobacco/Leather）

具烟草与皮革的香气，多为男性使用。1977年圣•罗兰出品的“鸦片”（Opium）,在头香里就能感受到一丝烟香味，而圣•罗兰1988年出品的“爵士”（JAZZ）香水则属于典型的烟草-皮革香型，一些女性也对它情有独钟。

7. 草原牧野香系列（Fougere）

草原牧野香常用于形容一种清新、神气、带有藻类味道的香味。它常用于男性香水之中，富含薰衣草香。世界上最早流行的这种香水，是法国大师保罗巴贵所设计的“Fougere Royal”，近代著名的有“埃扎罗”（Azzaro）香水。

四、香水的香调

有人称调香与音乐、绘画并列为世界三大艺术，三者的核心都有一个“调”。音乐作品的核心是音调，绘画的主体是色调，而香水的灵魂就是香调了。

19世纪末，香水大师查尔斯•皮瑟尔（Charles Piesse）试着用音乐作品中对应音阶的方法来给香水分类。他认为香水的排列应该像音乐的音调一样有自己的秩序。虽然这一观点未被推广，但有些与音乐有关的术语却保留至今，香调或调性就是一个非常确切的名称，有画龙点睛之妙。

香气是各种芳香成分的综合，而各种香成分的物理、化学特性和香气、香味有着密切的关系，是相互依存、协调香韵的关键所在。香精或香水是人的主观意识对客观香气现象的反映，任何一种香精或香水基本上都含有四种香韵，即柔、刚、清、浊，而其相互联系就构成香调。柔韵——主要代表鲜花、鲜果的柔和香气与香味；刚韵——主要代表辛香料，香气粗糙，一般用于调味；清韵——主要代表未成熟的植物香气；浊韵——主要代表很成熟的植物香气。

香调实际上就是香水的主香。香水的主要成分有几十种到几百种之多，其中有一个“领袖”香料，其他的香料均是围绕这种主香而进入的。通过调香师的妙手巧配，使得香气更超

完美、圆润。所以人们把调香归纳到艺术的范畴，甚至把调香与音乐、绘画并列为世界三大艺术，是很有道理的。

早在1889年，爱默•娇兰（Aime Guerlain）公司首度提出了香水结构的新构想。他们按照香料的不同挥发率和不同时段的不同香味，来调配具有头香、体香、尾香的金字塔式香水结构，并率先在“姬琪”（Jicky）香水的调配上获得成功。此后，大批量的香水调配开始采用这种具有前调、中调、尾调的香水结构。

1889年出品的“姬琪”（Jicky）香水

1920年，著名香化学家威廉姆•普欧彻（William Poucher）在实验中用沸点来界定香料的挥发性，按照在试香纸上挥发留香时间的长短来区分为头香、体香（中段）、基香（尾香）。他以100为基数，用了4年的时间，共评定了330种天然和合成香料，将1~14、15~60、62~100分别界定为三段香，并于1954年4月发表在《化妆品化学会志》上。这对调香学是一个划时代的贡献。

香水的香调正是依据这一原则而构成金字塔式的香水结构。它的前调是由那些沸点低、易挥发的香料组成的，它是香水中最先闻到的香味，它来得最早，也挥发得最快，大约只有20分钟；而接下来的中调是主体香，它是由一批沸点相对较高一些的香料组成的，香气浓郁而停留时间较长，约有三四个小时；最后是尾调，也就是香水的余香留韵，它主要是一些沸点高的天然香料、动物香料之类，香气悠长持久。一款香水的整个香调就像音乐作品中的主旋律。整个香型自始至终都不会变，只是构成这个香型的各个香原料因沸点的由低到高而先后挥发而已。

解读香水的香调，有人将人们的恋爱过程比之，可谓独具匠心。香水气场里的气息由强至弱，从前调的激越，到中调的曼妙，最后到尾调的幽绵，不是很像人们爱恋的演变过程吗？

初恋如前调。两人相识碰撞出激情，令人心驰神往，有触电的感觉。好香水第一印象就是这种感觉，由好感到美感。当然这也有个过程，第一印象也要回味和细细品味，不会那么盲目。就像香水打开喷头要清除夹带酒精味的浮香，才能领略到真香的风情雅韵，才能令你心动。

热恋如中调。随着相互了解与熟悉，感情会加深到相知，进而到志同道合，到情真意切，水乳交融。当然也会有反复，在发现优点的同时，也会发现缺点和不足，需要相互宽容、包涵、体谅、理解，将爱情发展到成熟。中调是香味的延续，是主香香调。由于时间较长，你可慢慢品味，细细欣赏，让幽香沁入你的心田。

真爱是基香尾调。相互了解到互相欣赏又相互包容，深入到可以互结同心了，这是爱情的很好升华。香水的中调令人流连回味，经过考验自然就进入最后的基调。这是香水灵魂的升腾，而香水的最后定位取决于香水的基调，留香余韵悠长才会是好香水，也才会是爱情的美妙升华。

香水在前调时吸引人，好香水在中调时留住人，极品香水在基调时升华人。极品香水有如纯真爱情，经过考验和磨炼才能迎来持久芳香，而且在客户的心中留下美好的记忆并引发丰富的想象力。

香水的香调也有不是三段式的金字塔结构。香奈儿公司一代调香名师雅克•波热（Jacques Polge）在1984年成功调制了“可可”（Coco）之后，紧接着花了十年的时间，成功调制一款新型香水“风度”（Allure）,也有翻译成“魅力”的。这在香水史上堪称伟大的作品。他完全颠覆了传统的金字塔式的三段香调结构，巧妙地采用平行的多面性排列，没有主导的调性。这正好开辟了调香的新境界，为幻想香鸣锣开道。从此，出现了幽香梦幻的幻想香。如果说仿香调香是调香的初级阶段，那么，幻想调香就是调香的高级阶段，让调香学进入了更高的境地！为此，雅克•波热获得巨大的成功。1996年“风度”香水上市之后,获得香水业界的最高奖——菲菲大奖（相当于电影奥斯卡奖）。

这里特别要提出的是“风度”香水曾与“香奈儿5号”一同入选1999年度世界十大香水之列，至今还是欧美最流行的香水之一。

✦ 香水的调性众说纷纭，综合起来，大致有六种。

1. 果香调

以柑橘香调为例，是指柠檬、柳橙、佛手柑之类带有淡淡酸甜的香气，这种调性的香料挥发性较强，但持久性较短，比较适合于喜欢运动的人士使用，活泼好动的女性和大多数男士都很喜欢。果香有一种清新的田园感，让人们油然而生回归自然感；同时它又容易清除杂味，作为空气清新剂使用较多，同时在汽车香水中使用较多。

2. 绿香调

有接近绿草或树叶香气的绿香，类似风信子花香的绿香，还有像青苹果香的苹果绿香，

带有青涩味的蔬菜绿香，带有新鲜海草香气的海洋绿香。此种调系香水的芳香比较敏锐，具有春天新萌芽的嫩叶或新鲜嫩叶、青草那种清新之香，给人以清爽怡人、精神振奋、充满活力的感觉。香气中性、健康，适合稳重、独立、有主见的知识女性和成功男性使用。身材丰满希望有苗条感的女性也很适合这种绿香调。

3. 花香调

有单一花香型的主体花香调；有百花香型，多种花香组合的复合花香；还有现代花香型，以C_8~C_{12}脂肪族醛类香气为其特点的一类。花香调系的香味是女性最钟爱的，也是最适合女性使用的香水，女性的精致可爱、温柔可人、优雅大方、成熟妩媚、庄重矜持、风情万种都可以用此种调系的香水表现出来。尤其是鲜花情调的芳香是女性化的、高雅的。但要防止太直白的单一花香，以多种复合花香和加入醛类制成的芳香更是沁人心脾的。

4. 柑苔香调

以寄生在欧洲中部橡树上的苦味为基调，混合佛手柑、柑橘、玫瑰、茉莉，加上木香、麝香。此香调类香水的香味特点是具神秘、温暖感，且留香持久，令人联想到雨后森林中独特的清香。高贵、浓郁的柑苔香调非常适合成熟气质的女性，表现女性稳重成熟、高贵大方的迷人魅力。柑苔调比较香甜、素雅，身材瘦弱的女士用它显得比较丰满、壮实。

5. 东方香调

使用东方出产的树木或辛香料、树脂、麝香等香料调制而成的香水。这种香调的香水最具深度和个性，并富有神秘感，非常适合于夜晚使用。这种香水留香很持久，选择性也强，对不同皮肤、不同体味，均能柔和地扩散其芳香。香甜浓郁的香气最能体现女性的妩媚、性感、光彩夺目，最适合于高级白领、金领的知识女性。

6. 东方花香调

介于东方调系与花香调系之间的香味，轻柔香甜的香味非常适合靓丽的都市职业女性，既能体现职业女性的特点，又能表现女性的高雅气质。

以上是六种基本的调系，由这六种引申出的香调还有东方甜香调、东方辛香调、乙醛花香调、果香花香调、森林香调、木质花香调、柑苔清香调、绿花香调、复合花香调、海洋香调、幻想型香调等十多种。随着人们生活水平的提高，富有创意的生活高尚元素——香水的调性也会越来越丰富多彩，把我们的生活打扮得更加情趣盎然。

五、香水的色调

香水不仅仅是人的嗅觉能感知它的香气，味觉能感知它的香味，还有视觉能感知它的颜色，甚至于还有听觉能幻化出它的声音、栩栩如生的音响效果。

不可否认的是，香水的颜色也是香水很重要的一环，是香水的魅力中不可或缺的组成部分，我们称之为香水的色调。

香水五颜六色，冲击视觉神经，才可以更多地吸引人们的目光。香水的颜色配搭得当，才会更好地增添香水的魅力。

我们知道，经典香水有经典香型，也有经典颜色。比如“香奈儿5号”香水，它是浅黄色，代表它的活泼、开朗；兰蔻“奇迹”，原本比较清澈明亮，加上它略带辛香的东方香型，就会显得老气而有沧桑感，设计师把香水瓶做成粉红色，这一妙招却让它显得朝气蓬勃、气质高雅；而烟棕色的外包装，给“鸦片”香水带来几分神秘色彩和别出心裁的夸张。“毒药”香水做成深紫色，外表看像是“紫毒”，加深了恐怖效果，是故意渲染的一种商业策划，目的在“撩拨”人们的好奇心，谋取商业利益。这种善意的欺骗，人们却反躬相迎。当人们闻到这种香水味并表达赞许时，一笑了之而释怀，而商家的钱袋已经鼓得不能再鼓，数钱数到双手酸痛难当了。

安娜•苏高雅华贵的紫红色香水海报

香水的魅力不仅是它那美妙绝伦的香气，因为那只有嗅觉、味觉能感知，而颜色却可以冲击视觉神经。红色是最有魅力、最富刺激的色彩，中国人往往在喜庆佳节以红色示人，人称“中国红”，非常鲜艳，生气勃勃，在大庭广众之中格外夺目，如CK品牌的“矛盾”（Contradiction）香水和Kenzo品牌的“丛林”（Kenzo Jungle）香水；黄色既华

丽又柔和，此色彩的香水最名贵，如1987年以前世界上最贵的香水“欢乐”（Joy）香水和前面提及的“香奈儿5号”；粉色香水最温和可爱，它给人纯真、可爱、浪漫、腼腆的印象，甜蜜中散发着清新之感，如兰蔻（Lancome）公司的“奇迹”（Miracle）香水；紫色人称富贵色，给人以艳丽、优雅的形象，想在气质高雅的成熟女性中引起共鸣的时候，深紫色是最佳的选择，如兰蔻（Lancome）品牌的“诗”（Poeme）香水；米黄色在冷峻中透着温柔，在坚硬中不乏柔和的香味，即使不靠近，也能让人感知清香，感知典雅、高贵，如三宅一生（Issey Miyake）品牌的“一生之水”（L' eau D' issey），卡尔文•克莱因（CK）品牌的“永恒”（Eternity）香水等；冷色调是最近和未来的流行趋势，被称为水世界的蓝色系列，其清爽、明快的香味越来越受人喜爱，如Davidoff品牌1988年的“冷水女香”(Cool Water Woman)和2004年推出的“蓝色的泉”(Deep)以及安娜•苏的 “甜蜜梦

Davidoff 2004年推出海洋香的“蓝色的泉”（Deep）

境”（Suidreams）；高田贤三（Kenzo）的“蓝月亮”（L' eau par Kenzo）香水等；绿色表现朴素、自然、沉着、善良等优秀品格，也因为环保和自然、生命力的象征而备受珍爱，如资生堂（Shiseiao）的“放松”（Relaxing Fragrance）香水，散发着令人愉快的东方幽香，缓解人们的紧张情绪，添一分柔美和谐。

我们日常所见的香水，如果只有一种淡黄色或无色，只靠香味去感动人，那就太局限了。人们的五官对事物的感知是互相联系又相辅相成的。一款香水既有上好的香味又有悦目的颜色，才能真正做到赏心悦目，沁人心脾。而且，往往都是视觉最先感知，然后才有香味扑鼻，两相配合给人们的感觉是更具魅力，力度更强。何况色调和香调一样，也是有性格特征的。比如，一款海洋香型的女士香水，它显示的是知性、智慧、高雅的气质。配上蓝色，更能加强女士文静、庄重、成熟的品格。若改配紫色，就是一种华贵、热情、张扬的做派，这与你选用海洋香的初衷就不太协调了。

实用香水选用的香型也多采用性格化的香韵，搭配与香韵性格相融合的颜色，亦即让香调与色调协调，又能起到事半功倍之奇效。比如，有一款清香并带有香子兰香的悬挂式香水，配上了引人注目的浅蓝色，让人感觉清爽而深邃，一上市就很抢手；而紫色调的香子兰香型，由于彰显了男子汉的阳刚气质，也备受香迷们的喜爱。还有一款田园花香型香水，选用了浅浅的黄绿色，让人感觉温馨、淡雅，心境平和，油然而生一种回归自然的惬意。经过精心调配的柠檬香，去掉了酸涩杂味，增强了甜清香，加重金黄色的财富气质，并取名“金宝”，使香迷们刮目相看，非常喜爱。

讲究香调与色调的融合美，再根据香迷的各式各样的喜好，可以调配出更多色彩斑斓、清香流韵、赏心悦目的香水来。用它们美化你的衣着饰物，美化你的“宝马良驹”，美化你的居室环境，美化你的健康生活。

六、香水的质量

香水的质量是一个有多方面因素很难界定的话题，前面已经谈过的香水分档和分类、名香和普通香、幻想香和仿香等有不同层次，这也是香水质量的一个方面。但人们的需求与喜好是不同的，不可强求一律。有没有统一的基本要求呢？答案是肯定的。

1. 香型好

香型好首先是包含了前面论述过的“甜、清、鲜、幽”四个字，这是无可置疑的。

香型好首推名香，因为名香是经过市场考验而最受顾客欢迎的香水。那些没有特点，不能引起顾客兴趣的香水会随着时间的流逝而消亡，留下的渐渐地成了名香。

香型好、个性独特的香水最受人们青睐。我们知道，用香水除了自我欣赏之外，主要还是给旁人闻的，让旁人关注你、认识你，也是你的一张名片。你用的是个性鲜明又与你的性格特征贴切相近的名香，自然相得益彰，为你增光添彩。人们常说，“这个人有味道”，或者说“这个女人有味道”，除了表达人们对这个人（或女人）的性格特征加以褒奖之外，借助于香水适当加强无异于锦上添花。

香型除了各人的喜好之外，界定香型的高低档次是基本的原则。属于单一香型，没有悬念、没有想象力的属低档次；而想象力丰富的幻想型、名香型属于高档次。我们可以举出许多这样的例子：名香“香奈儿5号”（Chanel No.5）“风度”（Allure）、“毒药”（Poison）、“沙丘”（Dune）、“奇迹”（Miracle）、“爱恋”（Amarige）、“普拉达”（Prada）、“第五大道”（5th Avenue）、“霓彩天堂”（ Beyond Paradise）、许愿精灵（Secret Wish）等属于高档次的香水；而单一的自然花香、果香在香水业属于低档香，由于它没有联想和悬念，容易产生嗅觉疲劳以至审美疲劳而激不起长期的兴趣、喜好。

2. 平抑酒精味

香水的质量好坏最重要的界定点是能否平抑酒精味。酒精目前是人用香水中的主要溶剂，它的挥发性好。但是酒精中的杂质如甲醇、醛类、酮类等，一般在酒精生产厂都有提纯和脱臭工艺，可以去除；而影响香水质量最关键的还是酒精味。我国还没有专门生产香水酒精的专业工厂，中高档次的香水是绝对不可以有酒精味的。换句话说，有酒精味的香水是不可能上到中高档次的。

据悉，国内生产的酒精是不处理的，特别是没有平抑酒精味这一环节。质量再好的酒精也是有酒精味的，因此平抑酒精味是处理香水酒精的关键所在。

目前，深圳市新雅潮香业有限公司曾由作者领衔多年从事香水研发，从1990年开始，用10年时间，经多次试验，率先成功平抑了酒精味，而不影响香水的香型和本来气质，还可以加强香水的留香和加速香水的陈化，并可批量供应香水生产厂家。

3. 透发力强

香味好又能透发，是好香水最为宝贵的优点。用那么一点滴，就能香溢四方，岂不为美？

香水在有酒精作溶剂的人用香水中，透发力不是问题，因为它有酒精雾托着香氛向外传播。而在不用酒精作溶剂的人用香水，油质溶剂的实用香水中多数不喷香而靠自然挥发。因此很多外表靓丽的座式香水瓶摆在办公室、房间或者汽车前面的仪表盘上，稍稍有点距离就一点香味也闻不到，完全成了一个有名无实的摆设，这就是该香水的透发力很弱的表现。香味出不来，质量无从谈起，喜爱香水的朋友不能忽略了这一点。解决挂饰香的透发力的技术难关将在第九章中评述。

4. 留香持久

首先要说明的是香水留香时间的界定。一般是用特制的试香纸蘸香水点滴放在门窗关闭不通风的室内，测定留香时间。而有人把香水喷在手背上或衣服上来推定留香时间是不科学、不正规的做法。有的要求留香几天，连低档的古龙水也要5小时以上，这也是不合理的要求，须知，法国最好的香水也只要求留香5~7小时。因为人们一天的活动也就这么长，恰到好处。夜晚有活动也需另外换搽香水，不可采用同一香型。留香最好的品种有“鸦片”“香奈儿5号”“毒药”“普拉达”“第五大道”“360度”“欢乐”“瞬间”等。

其实我们发现，国际名香大多留香在两天以上，有的留香甚至5天至10天以上，这是因为高档香水的留香技术是最关键，也是最难的。高级调香师们都希望自己的作品留香长以表示高档。已于2016年7月6号批准授予发明专利证书的发明专利号201410065651.9的香水都可以留香4天以上。

以上说的只是香水的最起码的质量要求，而不是全部。开展关于香水有关档次和质量的讨论，本着求同存异、百花齐放的精神，一定会推动香水文化的进一步普及与发展。

遇见·爱
FALL IN LOVE
无限芬芳超脱 点滴即可创造
Perfume
Perfume绝色持久香水
广州市名花香料有限公
Flower Flavours
GUANGZHOU FLOWER FLAVOURS & FRAGRANCES CO
地 址：广州市白云区白云大道北东凤东路东坑街一号
电 话：020-86167578 86169093
传 真：020-86168538
网 站：http://www.8flower.com.cn
邮 箱：flower@8flower.com.cn

第四章 时尚潮流

时尚与新潮是香水的生命线。

香水的时尚元素主要包含香水的个性特征、出奇创新和时代气息等方面，当然还与相关的时装、珠宝饰品、美容化妆品等有着不解之缘。香水的流行香、流行色、包装款式等高雅品位，乃至特别的名字都会成为市场的热门话题和焦点，引人注目。

一、香水以时尚取胜

香水是一种时尚。埃及社会学家罗莎•加蒂在她的著作《香水时尚》中指出："没有了香水的存在，时尚就像没有上发条的钟，将永远停滞不前。"这话说得多么贴切。

香水本身就是时尚的产品，当然就是以时尚为首选。

2005年春夏之交，笔者有幸去中国香港，因为等人的缘故，在中环人行天桥上，悠闲地逛了近两个小时。说来也巧，天桥上行客匆匆，游人如织，以我的嗅觉感知，兰蔻的奇迹香水非常流行。这就是当时崇尚的流行香，清新花香，品位高雅。从20岁到60岁都可以使用的流行香，深受女性朋友的青睐。

香水与其他时尚产品一样，每季、每年都有流行香，不断地推陈出新是它的本能，市场是检验香水时尚的试金石，不时尚或者落伍的东西都会被市场所淘汰，然后又有新的时尚推出，如此循环往复，才能推动新品的进步和事业的发展。

当然，也有的时尚是长期时尚，历久弥新，像举世闻名的"香奈儿5号"香水，自1921年问世以来，已经96年，还是众望所归的香水之王，每年还有6亿美元以上的销量，而深藏在巴黎香水博物馆里的"香奈儿5号"香水，至今还熠熠生辉，它的趣闻轶事令香水迷们津津乐道，真的会千古流芳。

1977年，时装大师、香水业界巨头伊夫•圣•罗兰曾经游历东方神秘之地，由于看到鼻烟壶而引发灵感，推出一款东方香型的时尚香水，取名"鸦片"（Opium）。当时，在西方人眼中的东方香型，还披着一层薄薄的神秘面纱。而那个匪夷所思的毒名——"鸦片"更引起世界时尚产业一片哗然，美国投资商甚至要求改名，否则拒绝投资。伊夫•圣•罗兰不为所动，因为这里有出其不意的时尚；果不其然，"鸦片"香水在欧洲取得了巨大的成功。第二年，美国投资商只得改弦更张，将"鸦片"香水引入美国，也获得空前的成功，成为美国有史以来最受欢迎的时尚香水，至今已近40年，仍是美国最畅销的香水之一。

无独有偶，1985年，迪奥公司推出"毒药"（Poison）香水，也风靡全球。由于市场反应出乎意料的好,迪奥公司随后又于1994年推出了"温柔毒药"（Tedre Poison），1998年推出了"催眠毒药"（Hypnotic Poison）两款香水。突破了"事不过三"之后，2004年又推出了"白毒"冰火奇葩（Pure Poison），2009年又推出了"蓝毒"午夜奇葩（Midnight Poison）。

商家这种如法炮制，还真屡试不爽，2000年高田贤三（Kenzo）再一次以罂粟花为主题，推出最新香水"高田贤三之花"（Flower by Kenzo）女士香水，也引起轰动，成为近几年来最畅销的香水之一，不过风头已不如当年那么火爆了。

实在说来，这些香水根本与毒药不沾边，只是借助这奇怪的名字——一种别样的"时尚”进行炒作，迎合人们的好奇心，诱发你的购买欲。

20世纪80年代，香奈儿公司的杰出调香师在调配了纪念一代香水女王加布莉埃•香奈儿辞世的“可可”（Coco）女用香水之后，又花了十年的心血研制出新型的“风度”（Allure）香水，非三段香式的调性结构；他的看点是非金字塔形的平行调性结构，轰动了整个香水业界。而他的这个平行调性就是最引人注目的香水新时尚元素。平行香调正好颠覆了传统的某一个中调主香的角色，而变成了多个主香，在实用中会有变换香味产生梦幻的感觉，这是最难能可贵的成功。果然不负众望，他取得了巨大的成功，1996年雅克•波热的这款“风度”获得香水界最高的菲菲大奖。

20世纪90年代，美国时装兼香水大师卡尔文•克莱因推出不分性别的中性香水“CK one”、“CK be”，创造一代香水的新时尚，一时流传甚广，至今仍为人们津津乐道。

二、香水的时尚元素

别以为用了香水就是时尚了，那不尽然。因为香水的品种很多，只有小部分是时下流行的，大部分都是过气明星，如果你选择不当，可能会适得其反。这就有认识时尚元素的问题。

从香水本身来说，它的时尚元素主要体现在香型、颜色以及它的文化内涵。

先从香型来说，比较流行的是跟随名香，因为使用香水的人们，都会先试试名香的感受。在市场上名气大的就会有人效法，如“香奈儿5号”（Chanel No.5），浪漫、活泼、张扬的女士喜欢；“第五大道”（5th Avnue），气度不凡、高贵典雅的知识女性钟爱；“沙丘”（Dune），文静优雅、温柔贤惠的爱美女士青睐。

色调也是香水的时尚元素

其次是跟流行香，香水也像时装一样，每一季都有流行香。比方清凉的春夏之交，大家很喜欢安娜•苏的“许愿精灵”（Secret Wish），清幽甜美的香韵沁人心脾，使人感觉心旷神怡。而已步入中年的知识女性，她们喜爱兰蔻的“奇迹”（Miracle），是因为这款包含有荔枝、胡椒、茴香等东方香韵的特色，而且典雅、

平实，不张扬，使用的年龄跨度从20岁到60岁。男士们也开始用香水了，可他们总局限在古龙水的框框内。时下流行的倩碧的“快乐男香”（Happy man）是一款海洋香型的蓝色香水，体现了男人刚柔相济的另一面，连女士都说好，也想用呢！

香水的第二个时尚元素是色调，带色的香水会锦上添花。香水的颜色很好地调动五官来享受香水的美感。根据香水的性质和格调来调配颜色，吸引目光，可大大提高香水的魅力。人们对色调的敏感度很高，中国人一看到红色就有喜庆感，接触金黄色就联想到财富金宝，而蓝色会使你联想到蔚蓝色的天空或是深邃的海洋。CD名香“绿毒”本是不具颜色的香水，只是瓶子呈绿色而得名，笔者将其用在汽车香水中染成红色，取名“红颜”，一来对应“毒药”的理念，二来调侃女性，红颜既可以成为知己，也可以是祸水，市场效果出奇的好，是颜色起了时尚的作用。其实香水与毒药是“八竿子打不着”的关系，包括那个《香水有毒》的歌曲，意在言外，反其意而用之，弄一点商场噱头而已。

香水的第三个时尚元素是它的文化内涵，大凡名香都有性格、品位、气质以及许多的趣闻、传奇，也夹带着许多真真假假的花边新闻，供你去了解它、欣赏它，享受美感和其中的乐趣。还是那款“香奈儿5号”香水，玛丽莲•梦露的香水故事，一直是人们茶余饭后的热门话题，它的时尚理念是长生不老的，总有许多加油添醋的花边新闻在不断更新着趣闻轶事。

香水的确能陶冶情操，提升气质，美化环境，平和心境，增进健康。

香水的外在时尚元素是时髦、出奇招。以香型为例，传统的花果香已经不新鲜了，也就是不时尚了。但是将其改进提高，赋予新的时尚元素，如果是带有花香味的果香，或兼有花香味的豆香，就会给人们带来全新的感觉。上面说的在香水名字上做点文章，出其不意就是一种时尚，且成功率很高。

2004年推出的帕丽斯•希尔顿同名女香

比如，香水开始上市之初，并没有男女之分，以后女士特别喜欢香水，厂家投其所好，专门推出女用香水，那便是时尚；可时间久一点，男人也需求，厂家也投其所好，又推出男用香水，这也变成了新时尚。到了20世纪90年代，美国时装大师率先推出的“CK one”和稍后的“CK be”这两款男女都用的中性香水，又开辟了新时尚；如今很多香水都有情侣装，时尚又有了新内涵。还有一个大时尚是欧美时装名牌都竞相推出同品牌香水，可谓比翼双飞，德国的Boss时装，配以同名的男香，意大利的“阿玛尼”和英国的

“登喜路”都有同名香水问世。一阵子流行海洋香型，那叫刚柔相济，幽香迷人；过一时段又流行田园花果香，那叫回归自然，生态环保。

名人自己推出同名香水，也是香水业界的一举高招。2004年，帕丽斯•希尔顿（Paris Hilton）推出了自己的第一支同名女香，受到众多香水迷的追捧。近期有我国的钢琴演奏家郎朗也推出了郎朗香水。他们不仅宣传了个人，还抓住了商机，真乃一举两得。以前布兰妮、碧昂丝以及我国香港的莫文蔚都有自己的香水；再早一些时候，伊丽莎白•泰勒、香奈儿、圣•罗兰、雅诗•兰黛、范思哲等均以自己的名字作品牌或成立公司，把香水推上前台，也把自己推上舞台，可谓一箭双雕！

莫文蔚香水（Karen Mok: The Fragrance）

在此之前把市场流行的世界名香引进汽车香水，更会使人耳目一新。近年来，香子兰香型的汽车香水走俏市场就是人们追赶新时尚的范例。再则，包装和放香方式也要有新的突破，如果老是放在仪表盘上的香座式，香型也只是简单的花果香，没有新意，势必不能吸引新潮人士。把汽车香水做成玲珑剔透、精致悦目的袖珍香水悬挂放香，色彩缤纷，香韵优雅，既养眼又安全，而且是一种新时尚。

凡是能流行开来又能在市场上受到欢迎的香水，就成了那个时期的时尚代表，进而成为名牌。每款香水都有自己的个性、品位、气质，甚至还会有许多精彩绝伦的香水趣闻在坊间流传，不断地丰富着灿烂的香水文化。

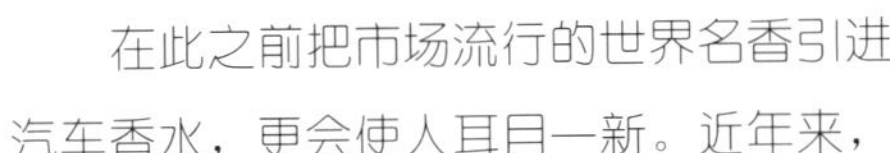

三、时尚要不断更新

顾名思义，时尚者即当时最时髦的事物。它的时效性很强，香水的时尚就是要不断推陈出新，过时了的东西，就失去了时尚的意义。现代生活中，每件物品都有时效性，时装要换季，化妆品要常出新产品，汽车要不断推新款式，房屋要不断革新造型，变换新装修，甚至于人们的语言都要不断变化着，使用时尚流行语，才能跟上时尚潮流，才能赢得顾客的青睐，从而占领市场。自然，香水的时尚就更重要了。因此，不断地推出新品，是香水推进新时尚的必要条件。各大香水品牌每年都有新品推出，以引领香水的时尚潮流；还有就是通过世界香水业界菲菲大奖评选推出时尚新品的领头羊。即使是老名牌的香水，也要赋予新的含义。像“香奈儿5号”香水，上市88年来，也在不断演变，瓶型就换了好多式样，质量也在不断地精益求精，连它的趣闻轶事也在不断更新，出现了很多令人感兴趣的版本。这就是时尚，你必须令人感觉新鲜、时髦、有吸引力，当然最主要的还是香水本身的魅力无法抗拒，百闻不厌，常闻常新，过鼻不忘。人类这种高等动物，也在不断创新，变得越来越聪明，其秉性是喜新厌旧的，这样才能使世界不断创新、前进。

喜新厌旧，从某种意义上说，它有点贬义；但对追赶时尚的人们来说，却是一种值得称道的新潮思想。在时尚新潮的天地里，就是要不断地“喜新厌旧”，不断地创新时尚、赶时髦，让新的思维、新的观念带着新的时尚，推动时尚产业更新换代，推陈出新。讲直白一点，时尚就是要不断有新话题，而且要引人入胜，不要老一套；如果没有新话题，该物品就没有时尚生命，自然会被淘汰出时尚舞台。

我国从2004年开始了汽车香水的开发，推出了不少的车头上的挂饰香水，很受欢迎，但是时光过去十一年，还没有推出更新更时尚的新款式，因此落后了，市场也萎靡了，期待着新品的成功推出。我国的汽车拥有量已经是世界第一，车内的香韵应该会有一席之地的。

时尚不断更新的“毒药”(Poison）香水

时尚人总是把目光瞄准创新和时髦，在他们的思维中，不断地构筑自己新的梦想，“异想天开”；并且不断地努力创造，力求把昨天的梦想变成今天的现实——新的时尚。“毒药”（Poison）香水从1985年开始上市，到2009年先后更新了五次配方、香调和色调，只是瓶型和那怪异的名称没有变，致使时尚不断更新，不断有新的内涵去吸引人们。

那些时尚产业的老总们和设计师们绞尽脑汁，为的是一展新潮，为自己的企业求生存。他们深知：时尚和新潮是时尚产业的生命线！只有不断地创新，才能不断地发展！

当然，经典与时尚是不矛盾的。高雅品位与时尚新潮的高度融合就是经典名牌。经典名牌香水在市场上长盛不衰，它们的时尚元素历久弥新，寿命很长，同时它们也在不断地更新换代，像很多老牌名香，虽然它们本色不改，但都加入了新的时尚元素，引领着时尚新潮。还有许多喜欢怀旧的人，这也是一种变位的时尚，人的性格本来就多姿多彩，也要宽容一些。

香水就是要不断地给人新鲜感，时髦、摩登。如果你使用的香水失去了时尚感，或者跟流行香、流行色不合拍，就不会被人喜欢，就会被潮流所淘汰，因此说，时尚和潮流是香水的生命线！

四、时尚先要好品质

近几年来，香水市场开始活跃起来。化妆品、时装、珠宝、汽车等高档消费品开始快速进入寻常百姓家，而力推时尚、新潮的上述各类文化也接踵而至，而且还占着宣传广告中的很大版面。自然，伴随而来的香水文化也会伴你同行，催生出许多动人心魄的新时尚、新风彩。

不可否认，很多商家在力推时尚方面做了很多努力，如在香水瓶的造型上开发了很多新式样，以期吸引顾客。但有很多人忽略了另一个更为重要的元素，瓶子里面装的香水是老套的、品位不高甚至是质量低劣的；还有的外表好看，却是一点香味也出不来。没有好质量作保障，何来时尚可言？

香水名牌大都是著名时装的品牌。比如德国的著名男装品牌Boss同时也是男用香水的著名品牌，它们互相提携，把Boss品牌的价值提到了新的高度，这是一举两得的高招。这在国际上已经屡见不鲜，而且成功率极高，法国的香奈儿、CD、纪梵希、圣罗兰以及意大利的阿玛尼等都是时装和香水双成功的典型企业。它们的产品都是名牌，都是高档产品。始终如一地保持着产品的高质量，这是最难能可贵的一点，以使很多冒牌货都不能得逞，这也是名牌产品有时尚和质量保证的名牌战略成功的关键。

市场上常常看到这样一种现象，一种香座式的汽车香水，外表做得相当漂亮，不少还是水晶瓶，可说是很雅致和养眼。但是里面装的香水，要么是根本跑不出来，让你闻不到香味；要么是跑出来的气味是劣质的，让你倒胃口，心里不舒服；还有的以酒精作溶剂，香水跑得极快，没几天就挥发得精光。这种“金玉其外，败絮其中”的绣花枕头，哪有时尚可言？还有就是那些很便宜的人用香水，当你打开它喷出香雾，一股刺鼻的酒精味扑鼻而来，令你哭笑不得。这究竟是享受香的美好，还是遭受臭的折磨？据报道，广州曾经查处了10万瓶劣质的汽车香水。笔者曾经应《南方都市报》的邀约，写过一篇评论，抨击劣质汽车香水

的危害，随后还在该报专门介绍过汽车香水的时尚与品位。

我国对香水的质量还缺一个完整的质量标准，这是需要认真加以研究的。不过从常识而言，起码应该是对人无害，不能有明显的苦涩、刺激味、酒精味，那些劣质的合成香料和劣质酒精是一定不能用的。

时代不同了，经济的迅猛发展和人民生活的大幅提高，催生着香水不断推陈出新。可以预期，引人入胜、赏心悦目的新时尚，将会不断涌现，让我们拭目以待。

五、女性青睐时尚

古往今来，香水与女人之间一直存在着亲密而微妙的关系，女人的美丽与优雅，借着曼妙的香韵幽幽传送，展示独特的个性魅力。女人非常懂得用气味来完善和丰富自己的形象，而一个气味芬芳的女人，一定是人们乐于接近和赞美的对象。女人本来就是香味柔美的，因为这是上帝对她们的眷顾。可是雅典娜女神仍然觉得女人还不够香甜，就使出魔法把奥林匹斯山的圣水变成了一碗香水，洒向人间大地。这样，世界就成了女人的香水乐园。诚然，香水是优雅高尚，沁人心脾的，它创造了一种温文尔雅的文化环境，也引领出一股全新的时尚潮流。

女人使用香水是时尚的需要。著名的法国时装兼香水大师加布莉埃•香奈儿(Gabrielle Chanel)曾经引用诗人瓦莱里的名言说过，“不用香水的女人，不会有未来。”虽然这种说法偏激了点，但从女人整体美化生活来讲，还是很切合时尚主题的。试想，一个时尚女人，尽管穿着打扮都不错，但是不用香水，就缺少了女人的“味道”，你说这符合时尚潮流吗？因为女人的穿着打扮只有视觉效果，太单调了点；如果用香水助阵，加大了你的时尚力度，会得到赏心悦目的效果。不是吗？视觉只能“悦目”，而高雅香氛却能“赏心”。难怪CD老板克里斯蒂•迪奥(Christian Dior)在回忆儿时的趣闻时这样说过：“儿时从未梦想自己会是服装设计师，我能记起的对女人最初的印象不是服装，而是她们身上的香水味。”

范思哲VERSACE星夜水晶女香(2004年推出)

早在100年前，当时装开始批量供应市场的时候，时装业给香水业创造了很大的市场机会，一些有远见卓识的企业家，洞悉了这个难得的机遇，把时尚的香水业很快地发展起来了。回首这百年来的时尚历程，人们有许多的感慨，像时尚雅士们

有的把香水比作液体的项链，也有的喻为流淌的霓裳。无疑香水就是时尚的珍宝，它赢得女人的青睐是必然的趋势。

法国在人们的眼中，是一个充满浪漫主义的国度，这当然与香水息息相关。20世纪初的欧洲弥漫着一片自由和独立的文化风气，那时候的女人融浪漫与高雅气质于一体，她们选取富有女性韵味的花香彰显自己与众不同的魅力。

随着时代的演变，女士们热烈地融入社会，开阔了眼界，她们对香水的追求更加讲究时尚潮流，要求不断地推陈出新。这使得香水少了几分浓郁的甜美，而更加喜爱清新典雅的香气，一改20世纪80年代那种充满传奇和喧嚣的强烈味道的香水；进入90年代以后，香水文化被赋予更深刻的时尚内涵。追求浓情艳丽的或喜爱清新淡雅的女性都能找到属于自己的香水。追求自我个性特征的女性在香水的设计品位中被充分体现出来。随着女权精神深入文化领域，无性别之差的中性香水也充斥着香水界，新的香水文化随着时代不断变化，不断形成新的时尚潮流。

六、酷哥也爱新潮

不要说香水只与女人有关，自然界最华丽的外表都属于雄性动物。其实，男人对香水的追求一点也不逊于女性。早期的法国皇帝路易十四被称为“酷爱香水的皇帝”，他甚至号召臣民每天换搽不同的香水；拿破仑更是一位十足的香水迷，他被流放到孤岛上时，还不忘带上12公斤的香水。现代的男性，特别是欧美和中东一带的男人，他们往往喜爱搽那些气味浓郁的香水，以掩盖身上的汗臭和异味，同时也传播他们的时尚和审美观。改革开放以来，欧美的香水文化也迅速地传入我国，男用香水也开始大行其道，日益流行起来。

过去，有些男人吸烟喝酒，不修边幅，以为个性十足。现在时代进步了，文化层次高了，随着经济的迅猛发展，人们的钱袋子已经鼓起来了，男人的爱美之心也开始成长起来。欧美的男用香水文化也很快地传入我国，激发了时尚男士美的追求。那些带有木香的和海洋香的男用香水以及新一代的古龙水普遍受到年轻男士的热诚欢迎。清新的柏木香为代表的木香显示男性的高大伟岸，挺拔威猛；而甜清的海洋香又给人深邃、稳重的感觉，也象征男人们宽阔的胸怀。而古龙水是1709年最早问世的香水，至今已过300年。随着时光的流逝和时代的进步，古龙水不再是以迷迭香为主的酒精溶液或是单一的柑橘香型，它也发展出许多新颖的名品，受到众多男士的喜爱。

男用香水开始多起来了，20世纪90年代的中性香水，像美国卡尔文•克莱因的“CK

one”“CK be”，是打工一族的青年男女最中意的香水之一；而一批取名运动香水如“POLO”等也是男女青年们喜爱的个性香水；还有许多十多年前陆续推出的情侣香水，也是男人与女人双双追逐的情感香水，而且都是哪一款香水走红，随后就有另一款情侣装推出，也必定走俏。比如意大利阿玛尼的“寄情水”女香上市，一炮而红，而“寄情水”男香便接踵而来。时尚敏锐的香水商们是不会错过这样的机遇的。

人们的生活是需要新鲜、时髦的，不断地推陈出新，才会有生活的乐趣。生活中有时尚元素，更要有新时尚的话题并不断更新，保持新鲜感。这样的时尚生活，才是人们喜闻乐见的。

阿玛尼“寄情水”(Armani GIO)男香

七、永不凋谢的时尚之花

时尚和新潮是香水的生命线，所以香水永远离不开时尚，喜爱香水的人也离不开时尚。立足于这个时代的人，也是需要时尚观念的，要不断地更新观念，不断地有新的追求目标。所以，无论是香水还是喜好香水的人，都要咬定时尚观念不放松。

依从时尚观念来认识香水、了解香水，进而读懂香水，熟悉香水的文化内涵，爱香水的人会陶醉其中，并从中感知乐趣，感知香水文化的魅力。

香水是我们的朋友，也是情感的寄托，美的化身。它带给人们的是精神振奋，是快乐、健康；是优雅、时尚，惜美情怀。

香水是不同年龄层次所有人的朋友。有谁不喜欢气味芬芳的香韵呢？即便老年人不大用香水，但他们总喜欢色香味俱全的食品吧，总向往环境优雅、气味芬芳吧，总喜欢空气清新、香飘四野的大自然吧，总喜欢赏心悦目、快乐健康吧！如此则香水市场前途无量，时尚的香水之花将会越开越艳、永不凋谢！

我们不妨借鉴一下美国的经验，看他们是怎样宣传和推广香文化的。1910年，雅顿夫人曾在纽约第五大道上建立第一家RedDoor(红门沙龙)。这家倡导女性整体美的高级美容沙龙，装潢精致高雅，以其红色大门而举世闻名。这里不仅提供最先进和最流行的高级美容，还销售高级服装、珠宝与化妆品。当时，曼哈顿的名媛们纷纷慕名而来，使得红门沙龙名声大振。此后，雅顿夫人的红门沙龙在欧美世界遍地开花，到了1930年，雅顿夫人已足以证明“美国只有三个品牌能享誉全球：可口可乐、胜家缝纫机和伊丽莎白•雅顿的化妆品”。

这恰恰是一场“美”的推广会，一场香文化的普及会。这一举动做得卓有成效，意义深远，被国际香化业界尊称为“众香之巢”是实至名归的。1989年还特地推出一款“红门”香水，并在2003年和2006年又重新推出。它的潜台词是：“每个女人都是一扇美丽而神秘的红色的门，一定要打开了才能够真正了解她的内心。”就是这种隐喻，打动了那些雍容华贵、聪慧迷人的女性。

伊丽莎白•雅顿相信：香水会说话，它可以说出使用者的心情、个性和欲望。香水是情绪的魔法师。香水的记忆久远，无论世事如何变迁，某个香味就是属于某人某时某地的。

在我国，由于几千年的封建思想束缚了人们的爱美之心，加之过去一直贫穷落后，哪有余钱来美化生活？因此，香水一直是可望而不可即的奢侈品。

新中国成立60多年来，尤其是近30年来，我们国家发生了翻天覆地的变化，人民生活发生了巨大的改变，不仅物质生活大大提高，文化生活和精神生活也都丰富多彩了。

就说洗衣服吧，新中国成立前连肥皂都用不起，只能从山上采点皂角，新中国成立后用了肥皂，20世纪70年代有了洗衣粉，而后有了香皂。如今含香的洗发水、沐浴露、化妆品也屡见不鲜，是不是该把用香水提上日程了？以前用的都是生活必需品，到香水就要开始提高档次了，既时尚又有高雅品位。

久负盛名的雅顿“红门”香水

创造了众多物质财富的人们，挣钱、干活并不是生活的全部，休闲、享受生活也是很重要的。用劳动所得来尽情享受生活，用心去体检高雅、时尚的香水带给你的乐趣和心灵享受，相信会对你的平和心境、心灵健康起到很大的作用。

今天，我们有了不错的小康生活，又有香水带给我们美的享受、香的熏陶，丰富了我们的精神生活。如果能借此机会普及香水文化，让大家都来感受这份快乐、这份心灵的享受，将会给社会的和谐、友善增添成色。

我们在欣赏香水之余，也能领略到人类最早的先进文化的魅力，它伴随着人类的进化而成为人类永远的朋友！

香业新锐，深圳新雅潮

深圳市新雅潮香业有限公司是2013年12月21日在深圳国贸大厦注册成立的一家专门从事香业科研开发和产品制作的公司。实业范围涵盖人们用香的各个领域，有天然香料、香精以及合成香料的开发、应用。可食用、可用作日用化妆品，涉及人们日常生活、衣食住行等诸多方面。

几年来，已经开发出两个发明专利，一个是制造高端香水的发明专利《香水制剂及其制备方法》，发明专利号：ZL 201410065651.9，2016年已获得国家知识产权局的授权证书。另一个是长效留香一年以上的香片及其制作工艺，发明专利号：ZL 201510385821.6，也于2017年7月20日获得国家知识产权局批准授权，随后8月25日正式获颁发明专利证书。

根据上述发明专利技术而制作的专利产品已经有批量产品投入生产，它们是“机遇”女香（Chance）、“富豪女香”（Gold）、“海洋男香”（Ocean）、“天堂香梦”（Tartaros）、“花缘情圣”（Cupid）、“知遇”（Fluke）。均获得市场的广泛认可。

另外，开发出多种应用香片，如手机用香片，包用香片，还有香名片、香窗帘、香台布、香内衣、香睡衣等，可广泛用于日用品、生活用品的加香。

同时还有多项制作含香产品的专有技术，比如家庭实用的精油香薰产品，画龙点睛的各类挂饰香水等。

我们热忱欢迎珍视健康的朋友们，都来奋发努力，重振博大精深的香文化以及香产业，多用香，用好香，把我们的健康水平提到一个新的高度，让我们光辉灿烂的东方香文化，更上一层楼，催生出人们喜闻乐见，赏心悦目的壮丽景色，流芳后世，永不凋谢！

深圳市新雅潮香业有限公司
地　　址：深圳市龙岗区向银路35-1安旭商务园，综合楼201室
联系电话：18824315152（陈生），13500053100（李生）
新浪博客，蒙涛博客；新浪微博，香水佬46252，已有500多篇香博文章
邮　　箱：mengtao64@163.com

第五章 高雅品位

香水是美的化身。香水自问世以来，许多明星雅士、时尚名流都交口称颂香水是“液体的钻石”“流淌的霓裳”。香水也总让人联想起女性的柔和媚，人间的花香与温馨。香水更是人们的高尚生活元素，给人们的生活增添了几分高雅和愉悦。

香水不同于一般商品，而是有着深厚的文化内涵，这就引出了香水的文化品位。

现代生活中有许多物品，如时装、化妆品、珠宝、汽车、居屋等跟主人的品位密切相关，而香水又是它们之间联系的桥梁。香水选得好，与主人和物品的品位都能匹配，才能恰到好处地反映主人的儒雅风度和文化内涵。

一、香水的品位

香水之所以不同于其他商品，主要就是香水是有品位的，是文化的品位。

构成香水品位的大体有以下几个元素：一是香型，也就是优质的香气；二是香水不仅质量好，香调和色调都恰到好处，而且个性鲜明，外观靓丽；三是香水的名气，有脍炙人口的趣闻故事广为流传；四是香水的市场表现好。

2009年春伊丽莎白•雅顿上市的“美丽”（Pretty）香水

比方说，人们熟知的世界顶级名牌香水“香奈儿5号”(Chanel No.5)，是1921年上市的著名香水，是世界香水业界的经典之作，风格独特，无与伦比。它的香韵活泼、浪漫，又不失典雅、婉约，一直备受称赞，曾经倾倒了众多的名伶、影星。“香奈儿5号”问世96年来，所得的奖项不计其数。还没有一款香水像“香奈儿5号”那样风靡世界，至今畅销不衰。这些都与该款香水的高雅品位有着很直接的关系。

其实香水的优劣，主要就是看这款香水的品位。高档香水或者说是高素质的香水是高品位的；劣质香水是没有品位的。不是所有的香水都有品位，这就牵涉人们对香水素质的评审。只有具有较高香文化的水平，才能识别香水的优劣，才能品出香水的品位高低。

香水的品位不是一朝一夕就会建立起来的。首先它有市场基础，从商店里销售出去的香水，在千家万户的使用中，经受了顾客们的左挑右拣，不断扩大了销量，赢得了声誉。使用者会不断地发现它的优点，并在坊间辗转流传，它的好名声及相关的趣闻逸事也不胫而走，传为佳话。

好香水赢得顾客的青睐，获得公众的认可是其成名之日。因此香水的品位是在市场上的顾客中逐渐形成的，是经得起时间考验的。在市场上流行的时间越长，它的名气越大、越好！像1925年雅克•娇兰推出的惊世之作“一千零一夜”（Shalimar），它不仅是当时的新时尚，而且也是高品位的香水。首先它借用了一个举世闻名的经典爱情故事，有了很好的铺垫。香水大师雅克正是从这个浪漫的爱情故事中找到灵感，调出了这款划时代之作。雅克在调香术上最重要的创新是加了罕见的灵猫香，它使香水加强了透发力，而且幽香四溢，使得“一千零一夜”不仅是一个前所未有的新时尚，而且它的幽香把这款香水提升到高品位。前面我们已经阐述过，幽香就是像传说中的“幽灵”一样，时隐时现，似有若无，飘忽不定，神秘莫测，这是最能摄人心魄的勾人之香，加上那强劲的透发力，所以这款香水历经92年依然光彩照人。

笔者也曾调配过一款汽车香水“新世纪”，就是以幽香和透发力见长的香水。它的香气透发超乎一般，普通的汽车香水都要开瓶后，鼻子靠近才能闻到，离远点就香息渺渺；而“新世纪”香水开盖后离人两米远也能闻到。它的幽香雅韵更是若隐若现，撩人心魄。加上它那天蓝的色调，表现了车主人深邃、沉稳的男子汉品格，深得人们的喜爱。

二、香水的韵味

我国的古诗讲究韵律，不仅读起来朗朗上口，对仗精美，而且显示出音韵优美，言简意赅。一款好香水，如同一首好诗，也能体会到寓意深厚，韵味无穷。

韵味体现的是音韵格律，不仅是平仄有致，工整规律，还有音律和谐，情感抑扬，把诗人的情感升华到新的高度，并以此撩拨读者的心声，产生共鸣，以达到感动读者的最佳效果。好的香水也是这样来使人着迷的。

朋友，你用过迪奥公司的著名香水“沙丘”吗？如果你用过，就会有这样如醉如痴的感觉。1991年上市的“沙丘”（Dune）香水，用了石竹花的清甜、辛香韵，西柚的甜青和佛手柑的清甜果香，再加上金雀花的近似玫瑰和蜂蜜样的香气，融合成清幽灵韵，沁人心脾。如果你知道CD的老板为了打造名牌，烘托气氛，刻意捐款35万美元以保护海滩“沙丘”，你会从心灵里幻化出一幅美妙绝伦的图景：晚霞夕照洒满海滨沙滩，柔柔的海风轻拂着你的面颊，带着微咸、海味的凉风给你送来一股辛甜的花香海韵，你能不动情，你能不感叹天地有情，人间有爱，香水魅力无边吗？此刻的心境，我们借用唐代伟大诗人杜甫的名诗佳句改一字而诠释：此“香”只应天上有，人间难得几回闻。

听完这个故事，不由得感叹迪奥先生真是一个盖世奇才，经商高手。他那35万美元的环保捐款，名曰保护沙丘，实则一举多得，堪称经典一绝！

世界上喜爱香水的人没有不知道“香奈儿5号”（Chanel No.5）的，就如同中国的古诗爱好者没有不知道唐代大诗人李白、杜甫一样。原因很简单，“香奈儿5号”就是一首流芳百世的史诗，它的香韵，它的芳名，它的创立者加布莉埃•香奈儿，它的形象代言人国际影星玛丽莲•梦露的倩影将长留人间。而留在巴黎香水博物馆的“香奈儿5号”将与那些伟大的音乐、美

极富香水韵味的“蝴蝶夫人”（Mitsouko）香水

术作品一样，成为人世间伟大的艺术瑰宝。

在众多的名香水中，也有一些是与某个著名人物或故事联系在一起的。如“一千零一夜”和“蝴蝶夫人”等，它们都有一个如诗如画、荡气回肠的故事。这样的香水仿佛就是一部悲欢离合的电影，或者是一篇脍炙人口的小说，甚至是一场激动人心的诗剧。这种浓郁的艺术韵味是难以言表的，请您细细品味。

香，原本就是人们最喜欢的味道，没有人不喜欢香。但不同的香韵自有人们的不同喜好，这是很正常的事情，所以要善于捕捉市场上的信息，了解大众对各种香韵的需求，企业才能占得市场先机。

人们喜欢各式各样的香水，源自于各人有不同的喜好，也因为香水有不同的韵味。中国人的民族风格就是比较含蓄，不事张扬。我们的教科书也把平实、低调当成人的美德。因而成熟、有品位的职业女性比较喜欢温柔、淡雅的香韵，像阿玛尼的“忘情水”（Acqua di Gio）、纪梵希的“爱恋”（Amarige）和近年来新推出的“费尔玫瑰”（Ferre Rose）。因为这些显示了她们相同的品位。而一些男人喜欢木香和海洋香，因为他们既要显示潇洒自如，也要有深邃和稳重，香子兰香型和海洋香型便成了这些男人的挚爱。有些年轻人喜爱张扬个性，特立独行，他们要么喜爱浓香的“鸦片”（Opium），香韵显示像森林一样高大挺拔，浓郁直扑鼻端，且留香特长，他们更喜欢这种出人意料的香名，好奇心驱使他们追赶时尚；要么青睐海洋味的“快乐”（Happy）男香，那果香清幽的西柚味，形象地诠释了刚柔相济的男人韵味。

从香水的韵味也能找到香水的相知，不是吗？有许多打工一族喜欢“CK one”，也有两情相悦者爱上了“情侣”香水，这都是他们的气味相投，相识相知。香韵成了他们的知音、知己，岂能不让人弹冠相庆，拍案叫绝？

三、香水的流派

香水像众多的艺术品一样，也有不同的流派。人本来就是穿衣戴帽，各有所好，你让他多个选择、多点自由，他会更加全情投入，称心如意，岂不美哉！

由于各个时期的条件和背景不同，所以就生出了各种不同的流派。

1. 自然派

这是早期的香水，是由天然植物香料与动物香料混合调制而成的。那时用香之人不多，只知有天然香料，还没有合成香料问世，所以纯属于自然香型。其代表作品是1709年问世的古龙水（Eau de Cologue），至今仍受男士的青睐。但这种流派的纯天然香水现在几乎不复存在，即使是古龙水也已经是用合成香料为主的香水了。

意大利理发师费弥尼1690年在获得早年的“匈牙利水”配方的基础上，增用了意大利的苦橙花油、香柠檬油、甜橙油等，创造了一种甚受欢迎的盥洗用水，并传给他的后代法利那。1709年法利那迁居德国科隆市，就把这种盥洗水定名为“科隆水”，中译名又叫“古龙水”。

在调香界人士看来，“古龙”代表一种香型，它是以柑橘类的清甜新鲜香气配以橙花、迷迭香、薰衣草香而成的，具有令人舒适愉快的清新气息。欧洲的男士们特别喜欢古龙水的香气，他们喜欢在洗澡后往身上喷洒这种清新爽快价格又低的“香水”，因此早期的古龙水被看做是“男用香水”，不加定香剂，所以不能留香。

2. 真实派

18世纪以后，合成香料开始问世并逐渐增多，丰富了香料品种和来源。天然香料与合成香料一起调制香水，并力求香气与天然香韵接近，富于真实感。这一派别的代表作品是1902年法国香水“Vera Violette”。它的主香是合成紫罗兰酮。

现在市场上真实派的香水多了，因为天然香料的产量有限，已经供不应求。物以稀为贵，天然香料的价格昂贵，低档香水是用不起的，中档香水也只是偶尔少量用之，只有高档香水中才用得较多。

这种香水已经是市场的主流。合成香料不仅丰富了香水的原料来源，也降低了成本，能够促进高雅的香水走进寻常百姓家，提高人们的生活质量，美化环境，净化人们的心灵。

3. 印象派

以调香师对现实中的某种印象为主题而创拟出的香气，其创意的主创人对当时、当地的某种自然香气进行复制，蕴涵了许多的人文气息。这一派的调香基本是仿香。现代的分析仪器如色谱仪可以协助测出某种香氛的成分，调香师根据其组成加以精心调配，就能创出非天然成分的香水来。不过这些仿香的香水，多半都是单一香型，而且一般都是人们熟知的普通香料，如玫瑰、茉莉、柠檬等单一的花香、果香，没有什么想象力，也没有什么悬念，很直白，容易引起审美疲劳。

4. 表现派

第一次世界大战后，调香师更强调香水的香气主题及感情色彩，不但从大自然，而且从实际印象出发充分发挥想象力，表现事物、记忆、感情。如“香奈儿5号”（Chanel No.5，1921年生产）、“惊奇”（Shocking，1935年生产）。这些主要是幻想型香水。自然界本来没有这些香气，调香师发挥超乎寻常的想象力，充分调动自己的思维，经过反复调配，找到了一种超现实的香氛，取得了意想不到的成功。这种成功是非常难得的，有的调香师，终其一生也只能调出一款，最多三五款，有的甚至毕生努力一事无成也不足为奇。香奈儿公司的新调香师雅克•波热（Jacques Polge）在1984年成功调出纪念当代香水大师兼时装大师香奈儿杰出贡献的新香水“可可”（Coco）之后，又用了十年的漫长岁月，反复磨炼，精心打造，终于调制出一款划时代的新作“风度”（Allure）。不仅如此，1984年雅克•波热又推出了花香琥珀香型的“歌者”（Diva），2001年又调出了“邂逅”香水（Chance）。

从近期表现看，表现派与真实派偏于融合，要求香气极为优雅，接近天然花香，让人浮想联翩，与人们追求的华美、自然、个性浑然一体。

四、香水催情

为什么给女士送花都选择玫瑰？因为玫瑰是一种人们普遍认同的情感象征，另外玫瑰又是一种催情香料。它与茉莉、水仙花、依兰、橙花油、迷迭香、广藿香、檀香、麝香等都属于催情香料的范畴。现代的香料化学研究发现，众多的香料对人的神经系统、嗅觉、味觉、触觉、皮肤、大脑等很多人体器官都有刺激作用，产生有益于美容、有益于健康的许多功效。有的香料可以渗入皮肤内松弛肌肉、排毒养颜；有的甚至可以渗入体内，促进细胞的再生加速，刺激激素的分泌，达到医疗、美容等多重功效。以此为基础创立的香薰美容学很快地开辟市场，惠及人们的健康生活，因而植物芳香精油也赢得了“植物激素”的美称。

德国香料化学家研究了许多实例，证明许多香料可使人振奋，有激情；也可以使人消除紧张，心境平和，甚至于变得高兴、愉快。无疑在情感方面，很多香料对人能施行催情的作用。而香水的配方中采用这类催情香料较多，所以香水就有了催情的效果。

迪奥（Dior）推出的“魔幻诱惑”（Midnight Poison）香水是典型的催情香水。它含有多种催情香料，如天竺薄荷、玫瑰、广藿香、龙涎香等。前调以香柠檬与柑橘的幽香开路，灵动而清新；中调催情香料发起总攻。情意绵绵、销魂诱人的玫瑰香，在广藿香和高雅龙涎香的催情鼓舞下，变得更为摄人心魄，意乱情迷。

我们经常使用的香水，就是有上述功能的典型产品。古希腊美女海伦有句名言：“香水是男女情感的结晶!”因此，人们钟爱多情的香水是理所当然的。

迪奥新近推出的“魔幻诱惑”（Midnight Poison）香水

在香水的配方中，用了许多催情香料。例如至少有75%以上的优质香水中用了玫瑰，有80%以上的现代香水用了茉莉，有1/3以上的高档香水用到了广藿香，大约有一半香水用了檀香或者麝香。因而香水的催情作用是显而易见的，用于联络情感、展示魅力，甚至谈情说爱都是很好的。

无疑，这些催情香料在香水中起着至关重要的作用，它也是香水充满活力与魅力的源泉。这正好与人们的七情六欲相得益彰。自然，香水就成为情感丰富人们的至爱。

另外，香水也是有性格的。人们青睐与自己性格相近的香水，这是情投意合；也有取向性格互补的人，那叫相辅相成。

近年来，科学家们提出了“信息素”的新概念。美国解剖学家戴维•玻莉博士等人经过多年研究后发现，人类和大多数动物一样，会通过皮肤发出大量的生物化学物质，可以影响人类的基本行为。所以，科学家把它叫做“信息素”。人们感知信息素是从嗅觉开始的，因为人的“体香”是真实存在的，每一个人身上都有一种气味，它是由皮肤表面细菌的代谢产物

混合而形成的，就像人的指纹一样各不相同。

信息素在人的生长发育各个阶段发挥着不同的作用。婴儿识别自己的母亲，儿童进入青春期，青年人寻找配偶等，都与此有密切关系。然而，长期以来信息素这种生化物质却被人们所忽视，许多人不相信人体会散发信息素。但是由人的体味而联想到香水对人的情感的影响是不言而喻的。

人有喜怒哀乐，情绪波动是常有的事，而香水是“缠绵的尤物”，正可以抚慰你的心灵，平和心镜，让人们在温馨、理性认识中待人接物，就会化干戈为玉帛，在社会交往中，树立成熟、高雅的形象。拥有众多催情香料调制而成的香水，让你在社交中晓之以理，动之以情；让你在生活中提升气质，陶冶情操；让你在馨香、温婉的氛围中，收到芳香医疗与美容的功效。

香水也可以表达你的情感，传递你的心声。在职场的社交中，你如果用一点“可可”(Coco)香水，会增加你的自信和成熟感，也会增加你的亲和力，使你成功的机会大增；在与朋友交往中，用一点“奇迹”(Miracle)香水以展示你的气质和魅力，会增进彼此的美誉度；赴温馨、浪漫的约会时，“香奈儿5号”（Chanel No.5）会助你一臂之力，增进彼此之间的情感；在日常生活中，高雅、清新的“风度”（Allure）香水，令你风度翩翩，自我感觉良好，心情舒畅，有益于健康；而对于周围环境，香水能播撒先进的香文化，营造文明、高雅的氛围，惠及人们的精神世界，甚至于提高城市的美誉度。

中国有句古话叫“物以类聚，人以群分”，这里有性格相近者合得来，也有情感相投者走到一起的意思。香水就成了他们之间的媒介或纽带，所以才有了情侣香水，才有了“爱屋及乌”，爱她的为人，也爱她的香水味。过去男用香水多以古龙水或阳刚的香水为主，近年来很多男士用起了刚柔相济的优雅海洋香，也博得了女士们的青睐。从香水中找到彼此的共同点，将会加深彼此之间的情感，共同享受香水所带来的乐趣和优雅。

五、香水也是艺术品

但凡艺术品都有一个高尚的主题，发人深省，还有美妙的旋律或者绚丽的画面，令人陶醉。喜爱音乐的朋友们首先是受美妙旋律的感染，得到高尚的艺术享受；同时也会引起共鸣，引发思考，甚至会激励人生。贝多芬经典的交响乐，优美的旋律时而娓娓动听地向你表述，抚慰你的心灵；时而激越、磅礴，给你巨大的精神震撼。我国著名的小提琴协奏曲《梁祝》，那优美的如怨如诉的主旋律至今音犹在耳，回味无穷。

而一幅杰出的绘画作品，画面优美，寓意深长，也会给人留下深刻印象，甚至于引发你对人生的思考。达•芬奇的名画《最后的晚餐》取自圣经的故事，在那不朽的巨幅画作中，展现了意大利文艺复兴时代的人文思想和无穷魅力，500年来，围绕这幅名画的艺术构思、图中典故与蕴含的哲理，至今仍然是人们津津乐道、长盛不衰的话题。

我们用艺术的眼光来考察香水，也与音乐、绘画等艺术有同感。

高品位的香水一般香型高雅，大都出自调香大师调制的幻想香型，它们让人引发联想，丰富你的形象思维，让你感知那美妙的音乐、画面和梦幻般的场景，栩栩如生，令人陶醉。前面已经多次提到过，这里还要首推的依然是我们所熟知的香奈儿5号（Chanel No.5）,它应该是香水业界永远值得称颂的无与伦比的高雅艺术品。

你用过那赫赫有名的“鸦片”（Opium）香水吗？一看这名儿，有点惊愕、恐怖，但当你闻过它的香味，看过它的故事，了解了它的前因后果，你会油然而生喜悦之情，仿佛一个挺拔威猛的有点神秘感的东方男子来到你面前，在讲述他的充满神秘色彩的传奇故事。

看看这款目前世界上最贵的香水“Imperial Majesty”，价值215 000美元。香水瓶里装着17盎司香水的实际价值仅为31 650美元，但那个盛装香水的高贵瓶子则价值175 000美元。这款瓶口镶嵌18克拉金戴项圈的巴卡莱特香水瓶用5克拉白钻装饰打造，全球仅生产10只。它已经不单纯是一瓶香水，而是一款地地道道的高雅艺术品。诚然，许多受到众多香水迷长期喜爱的香水也都是高雅艺术品，它们将香飘后世，千古留名！

世界上最贵的“Imperial Majesty”香水

用艺术的眼光来诠释香水，看待那给我们带来欢乐、享受、抚慰的幽雅香韵，你会更加增添对香水的热爱，对香文化的热爱。

让香水来到你身边，让香文化进入你的心灵，将会使你的生活更加丰富多彩，更有文化品位，它会成为你健康心灵的好朋友，陶冶情操的好伙伴。

香水，尤其是名香都有一个脍炙人口的故事，诉说它的身世和走红的由来，还有它的颜色、香水瓶、包装等。以上这些在市场上的传播，就形成了人格化的香水文化和高雅品位。

六、品位的层次

我们通常说的有品位并不都是高品位的。香水的品位当然也会有高低之分。单一香型的原始花果香味，很难刺激你的长久兴趣，容易产生嗅觉疲劳。短期内就产生嗅觉疲劳的香水，肯定是低品位的香水，很快就会被淘汰。

❁ CK“永恒”女香（Calvin Klein）

而一些幻想型的香水，是调香师经过千锤百炼精心调制出来的香型，自然界是没有的，而且往往能激起人们的好奇心，香味比较复杂，不是那种很容易了解的香型，有一种神秘感和含蓄美。比方说现在女士们很喜爱那款名香安娜•苏的“许愿精灵”，它的香型就是典型的甜、清、鲜、幽，非常的好闻、赏心；加上它的水质清亮透明，包装瓶也做成了精灵模样，很悦目，也很能引人联想，所以引来众多的爱好者。它的头香有花香也有果香，还有木香，让你一时分不清就里，只是觉得好闻、舒服，这就有了悬念，引出了想象力。接着中调的果香又加入，继续增加了悬念，那些甜清幽雅的果香、木香，以及更多的复合果香，共同发出幽雅的香韵。CK“永恒”女香是卡尔文•克莱因（Calvin Klein）为纪念自己的婚礼而特别推出的。令人难忘的Eternity香味，虽然初期风头被“一生之水”盖过，但幽雅的甜韵、清澈而睿智的香味，博得众多女士的青睐，好感度颇高，所以，它也汇集了非常高的人气。

再者，目前市场上那些畅销的名牌香水，尽管你常用它，香味很熟悉，但依然很迷恋它，总想探求它更多的香韵渊源和神秘内涵，因为你从中能领略到更多的乐趣和美的享受。1889年，娇兰推出著名的惊世之作——“姬琪”香水，它被看成是世界上第一款现代香水，而且是最伟大的经典之作。它是第一款采用金字塔形三段式香调的香水，非常时髦，非常完美，它的香调也采用了半东方调。时光已流逝了一百多年，可人们追求它的时尚和品位依然不减当年，在一些名牌店中还能买到它。据说“姬琪”原本是娇兰香水的创始人之子爱默的前女友，也是爱默儿子雅克•娇兰的昵称。坊间流传着许多脍炙人口的故事。它的馥奇香韵和半东方香调，以及它的故事都让人流连，想不断地去探求其中的神秘。

品位的高低与时尚密不可分。一个有品位的人，他在市场潮流方面，也是有层次的。美国著名演员芭芭拉•史翠珊曾经说过“一个有品位的人，是不会选错自己的香水的。”事实上是这样，品味是一个人的修养，不可能天生如此，要经过学习、打磨、锤炼，才会有认识，有提高。

阿玛尼有一款名牌“忘情水”（Acqua Di Gio）,1996年获得香水业菲菲大奖，它的香韵表现地中海夏日的感觉，有“水之花”的香韵，它的名字也非常贴切、撩人，容易勾起人们的联想。香水的韵味正好与优雅的名字珠联璧合，相映生辉。它背后有意大利第一时装品牌的烘托，又有本身的幽香雅韵和流传四处的趣闻轶事，要它不火都难。

香水、时装、鲜花、美女四美图

七、香如其人

我们的祖先曾经流传有“文如其人”“字如其人”一说，的确，很多的文人、雅士，名流、学者都能印证这一名言。

我们已经研究过，香水本身是有性格的，像人的性格一样。人的活泼浪漫、气质高雅、温文尔雅、文静贤淑、神秘内涵、威猛挺拔都是性格鲜明的。而有品位的人必然喜欢与自己气质相近的香水。香水大师香奈儿曾经说过，真正有品位而气质高雅的女人是不会选错自己的香水的。这是多么精辟地道出了“香如其人”的真谛！

当今社会的人，有思想、有性格，也有各种爱好和兴趣。假如你是一位喜欢香水的少女，你一定能在众多的香水中，找到你的挚爱。如果你找到的是一款奇特的花香型香水，它是雅诗•兰黛的“霓彩天堂”（Beyond Paradise），透着青春的气息，香韵优雅，正与你不谋而合。它的品位高雅、文静甜美，正与你的秀美、活泼、天真非常融合，相得益彰。当朋友们闻到你身上的香水味时，就有一种好感，见其人，闻其香，它能给你的朋友们留下美好的印象，也能帮助你建立良好的公众形象，肯定会给你增光添彩。

在众多的名香中，如果你最喜欢香奈儿5号香水，你也认定你也是一个像玛丽莲•梦露那样有品位的人，才会用它。因为人们闻到这款香韵，她自己会想到这是著名的香奈儿5号，那用此香水的人肯定也是一个活泼、浪漫的人，这就是“香如其人”。

豆蔻年华的少女与香水“霓彩天堂”

如果你有一部好车，它无疑也是你的形象代表，是你的一张名片。通常在车上放一瓶香水，以消除异味，又能给车里的人们提供雅致的香氛。还有更引人注目的是，它也是你的形象代言人，好的赏心悦目的汽车香水定能烘托出主人的儒雅品位和高贵气质。

人们在学习、工作之余，也要不断地提高自己，丰富自己的内涵。不言而喻，喜爱香水的人们也能从香水中吸收到有益于我们自身修养的养料。我们常说的陶冶情操，香水就正好起到这种作用，它那沁人心脾的香韵给你带来快乐，带来美感，同时香水那如人一般的性格，也感染到接触香水的人。比方你选用的是安娜•苏的“甜蜜梦境”（Suidreams），联想到这款香水的精彩香名和有着华裔背景的安娜•苏的成功故事，会令人油然而生敬意；那浓郁、优雅的花果香和富有热带风情的特色，以及那袖珍、雅致的小提篮式香水瓶，会勾起你几分爱国之情，把你引入令人陶醉的梦境，鼓励你更加热爱今天的生活，也激励你开创更加美好的人生。

香水的形象鲜明，也能让人们感受真切，让我们来看一看那款名气很大的伊丽莎白•雅顿的“第五大道”（5th Avenue）。首先香水名——第五大道，就是纽约最出名的大街，加上像一座高大建筑的香水瓶，令你眼前为之一亮，也让你的心灵为之一振，把你吸引了。进而它那香韵浓郁的提纯香，昭示着优雅女性的高贵气质。你仿佛看见，一位身材修长、亭亭玉立的仙女，带着温文尔雅的香风雅韵，满面春风地向你款款走来。你能不为之倾倒，能不从内心深处感受到一种美的享受和由衷的喜悦吗？

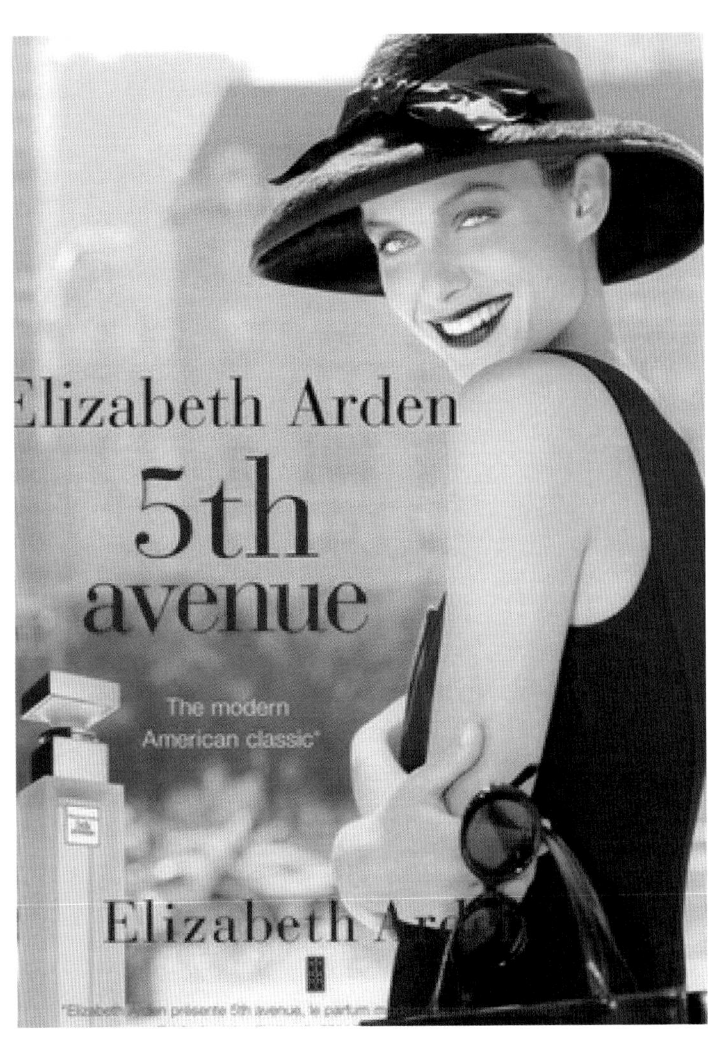

靓丽迷人的“第五大道”香水海报

第六章 闻香、选香

在了解了香水的一系列知识之后，如果你想用香水，进而有了购买香水的欲望，那么你最需要了解的是如何选择香水。因为你选用的香水对路了，才会提升你的气质，很好地展示你的魅力；而没有好好考究，选用的香水不对路，会弄巧成拙，甚至会损害你的形象。时有这样的事情发生：某位职业少女，着装款式新潮，而香水浓烈刺鼻，不是职业女性匹配的香水，令人感觉极不协调，甚至有厌恶之感。选择适合自己的香水，使香水香型、个性与人物性格、外貌相互融合，以达到嗅觉与视觉效果的和谐统一，才是完美的选择。

提起香水，我们首先想到的是女人。香水的天地里，萦绕着女人娉婷的身姿和袅娜的笑颜；灿烂的阳光底下，倏然飘过一袭盛开的长裙，裹着浓浓淡淡的缕缕幽香，会令你驻足良久，回味无穷。而那短暂如幽昙般瞬间的美丽，似乎便是人间最动人的风景。女人对香水文化的狂热程度，一点不亚于男人对足球的热情。当男人在高喊足球文化的同时，女人则举起了香水文化的大旗。香水是女人品位的延伸，是女人心灵之语的外在流露，女人只有在自己的香氛中才能感觉自己是女人中的女人。

很多男人开始注重对女性的思考，并得出结论："女人要有味道。""这个女人很有味道"是时下最温馨的赞美语。怎样才叫有味道？过去男人说一个女人有味道，大多是在扫描"三围"之后。现在说的味道包含了一个人的气质、性格、言谈举止等各方面的特征，实在是不好用言语表达的。而香水恰恰是提升女人气质，陶冶性格、情操的良方。

男子自古以来就是与"刚毅""勇敢"这些词汇相联系的。但男人负担很重，活得很累、很苦，那么自然就需要有发泄。因此，男人大都喜爱香烟、啤酒，喜欢去寻求新奇、刺激的感觉。现代都市生活的快节奏，使本已劳碌的男人们更加劳碌。每天夹杂于熙熙攘攘的人群中，像一只上满发条的钟，永无停息地前进、前进……激烈的社会竞争、复杂的人际关系、繁琐的家事，让男人们总有着强烈的负重感。这时，选一款适合自己的香水也不失为一种愉悦自己的方式。试想，身心疲惫的你回到温适的家中，冲个热水澡，喷上少许香水，与妻子共进晚餐，不是很惬意吗？上班之前洒点香水，不仅有了一身清爽，更有了一天的好心情。这就是香水的魅力。你不必去刻意修饰什么，却能在不经意间展示自己。

"过犹不及"。我们喜欢春的气息中如羞涩新娘般淡淡的、毛茸茸的绿，但盛夏那种大手笔、无遮拦的绿，却只让人觉得沉闷、呆板。同样，使用香水，男人们应特别注意掌握分寸。街头上那些油头粉面、"香"气袭人的"酷哥"，应该是引以为戒的"榜样"。我们追求的是一种和谐，一种清淡，和它所带来的畅快淋漓。

选择适合自己的香味，有如寻找知音一样，可遇不可求。如能遇到一位相知相惜的人，将能开创自己璀璨的人生。而一旦发现喜爱的香味，也会让自己雀跃不已，每天过得非常愉快。

香水是一种时尚，香水也有文化品位，这二者大有文章。品香能使人们提高文化素养，陶冶情操，也能带来快乐。

电影《闻香识女人》的主人公扮演者艾尔•帕西诺说过：要令女人受控，秘诀在于空气中。凭着女人身上的香水味，虽然双目失明，竟也能道出对方的外形，甚至头发、眼睛以及嘴唇的细节。仿佛男人对香水的敏感，会被女人深深迷倒。

时下，女士们对香水的选用约有四种类型，即从一而终型、时髦型、前卫型和唯我独尊型。这不用解释你也能知其就里，还是让我们来好好地研究一下选香原则吧。

一、依性别选香

人们对于香水的喜爱是不言而喻的。但选用香水先要搞清用香人的性别，因为男女的喜好是各不相同的。

当然，香水主要是女士们所钟爱的，确实大多数香水是适合女士们选用的。香水与时装、珠宝首饰、化妆品一样，都得到女士们的青睐。但男士也有自己钟爱的香水，应该说，最早问世的古龙水就是男士率先用起来的。男人更要找到适合自己的味道，除了汗味与体味，还应该有令人心旷神怡的男人味。

外观靓丽的香水瓶“古弛-II”受女士青睐

一般来说，许多人，不管是男人还是女人，都很喜欢麝香的味道，除此之外，自然的木质香调、青草香调、海洋香调都很适合为男性营造更好的男人味道，而乳香、柑橘香味也是很适合男性使用的味道。至于在女性身上常被发现的花香调与甜蜜香调就不太适合使用在男性身上了。另外，还要注意的一点是，男人使用香水，目的是要带给周遭女性愉悦感的，所以最好是由另一半（也就是女伴）来选择香水的味道。毕竟，你身上洒的香水，闻的人可是与你相伴的异性呢！

当然，也有很多中性香水是适合男女共用的，如“CK one”“CK be”等。

二、依性格选香

俗话说，“穿衣戴帽，各有所好”，指的是个人有不同的喜好，不必强求一律，这是个人的性格使然。但是，比较贴切一点的办法是，可以把自己划定在某种范围之内，比如，你喜欢高贵典雅，或者活泼浪漫，还是清新淡雅的……依此就容易找到你之所好。

据全球著名的个人护理用品巨头美国NU SKIN集团介绍，将香水的花香调、木质调、柑橘调与自然界的风、火、水、土四行元素相结合，分为“火、水、风、土”四种，与人的性格匹配，使各种性格的人都能找到与之匹配的香水。这是一个符合中国民族传统习惯的新创意，不妨一试。

四种性格的对应点是这样的：

“火”对应的性格是精力旺盛、有影响力、无畏、主动、自由自在；

“风”对应的性格是善交际、机智、新潮、多才多艺、具创造力；

“水”对应的性格是情绪化、浪漫、神秘、内敛；

“土”对应的性格是保守、敏感、务实、耐心、勤勉、讲究细节。

NU SKIN强调，香水与人们性格之间的对应关联，并不是调香师们的凭空想象，而是源于周密、细致、科学的调查。

当然，香水与性格的关系也并非完全一致，也可以互补，也可以有异类。例如“火”特质的人对应的香调为香甜的花香、浓郁的檀香等，互补的香调则为平和的果香（如柠檬香）。用互补香调，根据香薰疗法的原理，有利于改善其风风火火的性格和散漫的心情，给人的印象就会变得不那么急躁和充满压迫感。

三、依体形选香

香水依香料基调系统的不同，能塑造出完全不同的形象。有的香水闻起来给人丰满、轻柔的感觉，有的则会让人联想起玲珑浮凸的曲线。

比如，味道微甜且有点重香气的绿香调和中性调的香水，有青叶或青草味，闻起来清爽，纤瘦的模特儿形象可在脑海中油然而生，像“绿茶”或者“爱恋”香水就会有这样的功能。

而柑苔调香水的香味，比如时髦的“窈窕美人”，是一款获奖的浓甜香水，可使人联想到丰满、性感、魅力十足的形象。因此，女士们千万不可轻视香水的影响力。

如果你比较丰满，应该选择闻起来清爽的香水；而如果你比较纤瘦，则应该选用闻起来浓郁的香水。这样给人的感觉就会很舒服，否则就会加重别人对你形体不足的联想。

四、依时令选香

时令、季节是选择香水必须要考虑的重要因素。如果你用的香水错了时节，可能会弄巧成拙，效果适得其反。

时令主要是春、夏、秋、冬四季，在四季不分明的地区，分冷热两季考虑就可以了。

1. 春天

一般来说，春天是充满生机的大好时光，可以选择充满活力、活泼浪漫或者清新自然的

时尚香水。清新的花香和水果花香比较流行。

如兰蔻的“奇迹”（Miracle），雅诗•兰黛的“着迷”（Spellbound）和“欢沁”（Pleasures），“香奈儿5号”（Chanel No.5）和“香奈儿19号”（Chanel No.19），纪梵希的“爱恋”（Amayige）和“透纱”（Organza），“古驰香露”（Eau de Gucci）、“嫉妒”（Envy）、“忘情水”（Acquadi Gio）和“迪奥小姐”（Miss Dior）等。

2. 夏日

夏季比较炎热、潮湿，人们的心境也比较火辣，这时候宜选用清爽、淡雅且挥发性强的香水，中性的青涩植物香和天然草木清香都是很好的选择，以使人们的心境平和、宽容、豁达。

这时适用的香水有：ESCADA最新的魅惑香水“月光派对”（Moon Sparkle），卡尔文的“CK one”和“CK be”，香奈儿的“克里斯苔拉”（Cristalle）和“风度”（Allure），迪奥的“沙丘”（Dune）和“甜蜜自述”(Dolce Vita)，还有“高田贤三之水”(Leau Kenzo)、三宅一生的“一生之水”（Leau Dssey）、阿玛尼的“忘情水”（Acquadi Gio）、娇兰的“东瀛之花”（Mitsouko）、圣•罗兰的“爵士”（Jazz）和“鸦片”（Opium）、“巴黎”(Paris)等。

ESCADA最新的魅惑香水“月光派对”（Moon Sparkle）

3. 秋时

秋高气爽，气候宜人，正是秋天的真实写照。这时候，人们的心境平和，爱美和赶时髦的风气有所抬头；秋意袭上心头，也是年轻人恋爱的季节。这时可用香气较浓、稍带辛辣味的植物香型，如甜香调的果香或乙醛花香等。

适合选择的香水有：“一生之水”（ Leau Dssey）、兰蔻“奇迹”（Miracle）、“风度”（Allure）、“诗”（Poeme）、“爱恋”(Amarige)、“芬迪”（Fendi）、“香奈儿5号”（Chanel No.5）、“第五大道”（5th Avenue）等。

4. 冬令

冬天与寒冷、冰雪联系在一起，人们身上包裹着厚重的衣裳，徒显神秘，枯枝败叶，自然界了无生气。但冬令已经降临，春天还会远吗？清甜花香和辛辣调的浓香都是理想的选择。

这时适用的香水是：“香奈儿5号”（Chanel No.5）、“毒药”（Poison）、“鸦片”（Opium）、“可可”（Coco）、娇兰的“莎乐美”（Shalimar）、毕加索的“帕罗玛•毕加索”（Paloma Picasso）、“帝凡内”（Tiffany）、雅诗•兰黛的“着迷”（Spellbound）等。

五、依年龄选香

人们的老少对于着装、打扮和兴趣爱好是有区别的，因此对于香水也各有所好。

1. 儿童

纪梵希“小熊宝宝”（Ptisenbon）香水

孩童一般不宜直接使用成人香水，但可以选择比较淡雅的花香、果香型香水，因为花香、果香型香水，能展示儿童的美好童年，也给大人们一种温馨、可爱的感觉。

有专给儿童调制的纪梵希“小熊宝宝”（Ptisenbon）和艾瓦国际（Air Val International）“精灵”淡香水（Digimon Eau De Toilette）等。

“小熊宝宝”香水（Ptisenbon）完全不含酒精，适合0~2岁的宝宝用，还有只含50%酒精成分的（一般香水皆含高于70%的酒精成分），适合2岁以上儿童用，1987年正式在全球上市。

另有一款是蒂埃里•谬格勒（Thierry Mugler）的“天使”（Angle）香水,适合5岁以上的儿童使用。这款香水让人回忆起童年的经历：集市上传来棉花糖和熔化巧克力散发出的果香、焦糖味，象征美好的童年。

2. 青少年

人们最美好的年华，莫过于青春年少时。但是他们大多数都在学校读书，这样的环境一般是不适合用香水的，或者只可用一点淡香水，因为课堂学习不能分心，不能有干扰。而遇到娱乐活动，则可以放开使用香水。比如“香奈儿5号”（Chanel No.5），可张扬你的热情奔放；“奇迹”（Miracle）和“爱恋”(Amayige)，可彰显你的青春靓丽；“神秘水”（Cool Watar）和“一生之水”（Leau Dssey），可展现男士的阳刚之美；“鸦片”（Opium）与“毒药”（Poison），则给你披上神秘的面纱。在节假日或外出旅行，也可以自由使用香水，张扬个性，挥洒激情。

3. 成年人

成年人的举动成熟了许多，在香水的选择上也比较理性，一般偏向于各自的喜好，可参照前面提到的依性格选香或者与性格互补。

成年职业者在工作时，一般使用淡雅的香水，显得庄重而有气质，不事张扬。而业余时间，则可以抛却顾虑，尤其是成年女性，在欢乐的聚会活动中，可以放松情绪，挥洒美丽，追随时尚新潮。

4. 中、老年人

中、老年人一般爱选用老成持重或传统的香型，比如玫瑰、茉莉或兰花香等，但是也有许多老年人童心未泯，要长留年轻的时光和心境。他们中有很多人年轻时没有用过香水，甚至没有好好地享受过生活，现在要把失去的青春从记忆中追回，所以也和年轻人一样追赶时尚和新潮，应该说这是一种值得提倡的举动。时尚香水可以满足这些人的各种爱好，可以让中、老年人获得一份好心情，有利于延年益寿。

男女老少均喜爱的中性香水“CK one”新包装

六、依场合选香

人们在生活和社交场合中，在选用香水方面也是有考究的。这是因为，不同的环境、不同的场合和不同的对象，在选用香水方面会有一些区别。以下几种场合如何选用香水给你提供参考。

1. 办公室

上班族，一般宜使用淡香水，在这种环境中，如果太张扬，会有损公司形象，本人也不会获得好评。推荐香水为“CK one”“一生之水”（Leau Dssey）。

1992年推出的“一生之水”妩媚而迷人、清新而干净，犹如泉水一样，表达了对美、自由及幸福的看法，超越时间与潮流的局限，有着永恒的时尚性。它以森林香型构成基调，不事张扬，带几分含蓄、文雅的气质，给人幽远绵长的感觉，清新淡雅，平实无华，余韵中麝香则成为最后的留香余韵。

2. 公共场所

在车厢、戏院等公共场所，由于环境中人员比较集中，不能涂浓烈的香水，以免刺鼻的香味影响他人，最好涂用淡雅的清香水。

3. 餐厅

美食、香氛不可兼得。在进餐前不要涂浓烈的香水，以免喧宾夺主，影响了菜肴的色香味。这时一般选用淡雅的清新香水，对旁人不会有刺激。

4. 约会

与朋友约会，是最适合用香水的时候。

约会是一件浪漫而让人心动的事情，你最好选用催情香水。含有麝香、檀香和玫瑰等的催情香水能助你更温馨浪漫，情意绵绵；也可选用柑橘水果香和苔类香草为原料的香水，内含有增添吸引力的荷尔蒙成分，让你魅力顿生。

作为儿女情长的一种情感交流，香水是最好的信物。它将带给有情人一种温馨和浪漫，是情感的催化剂、开心果。

女士选用卡梵的“生命之水”（Eau Vive，柑橘香型）和高田贤三的“Kenzo一枝花”就很不错。而男士则以达卫多夫的“神秘水”（Cool Water）和阿玛尼的“寄情水”（Armani GIO）男香等为佳。如果已有较深的来往，选用其他一些活泼浪漫之类的香水，自己觉得舒适、惬意，相见甚欢，也是很好的。

另外，也提请您注意，香水是最好的传情礼物，在节假日或者从外地归来，给爱人送一款高级香水是最好不过的时尚礼物了，一定能赢得芳心和由衷的赞赏。

高田贤三的“Kenzo一枝花”女士香水

5. 婚庆

参加婚庆等各种喜气洋洋的场合，香氛可以增添喜气，一般都用浓郁的香水。

人们参加这类喜庆活动或者联谊，都会张扬个性和充分展示自己的魅力，不必顾虑太多。一些展露高贵气质和热烈、浪漫的香水深受人们的青睐。比如“香奈儿5号”（Chanel No.5）、“第五大道”（5th Avenue）、“鸦片”（Opium）、“沙丘”（Dune）、“神秘水”（Cool Water）、“欢沁”（Pleasures）和“爱恋”（Amayige）等。

婚庆活动还是推广香水的主要活动，在我国到处都流行喝喜酒送红包，有点像现代的“众筹”活动。不妨也可以送香水，送“情侣”香水更显得温馨、得体。而礼后回礼时，觉得红包送得丰厚，需要回礼，也可以用香水回礼，开时尚新风。

6. 运动

户外运动与逛街都可能流汗，汗水与香水混在一起总会让人敬而远之，这时选用无酒精香水和运动型香水比较合适。

这里不能不提起运动型香水的始创者拉尔夫•劳伦，他的“远征”（Safari）、“劳伦”

（Lauren）、“POLO女用运动香水”（Polo Sport Woman），都是运动和休闲的经典香水。当然一些淡雅清新型香水如“甜蜜自述”（Dolce vita）、“尼娜”（Nina）、“爵士”(Jazz)等也很适合。

7. 睡眠

薰衣草或玫瑰香油有改善睡眠质量的功效，所以在临睡前，在枕下涂上那么一点儿香水，一晚香梦随之而来。尤其是薰衣草香，可以安眠，不仅价格便宜，还没有副作用。

香奈儿(Chanel)的“运动魅力”(Allure Sport)男香

七、依着装选香

在考虑了以上选择香水的因素之后，还有一个不能忽视的重要方面，那便是你的衣着。

时装与香水有着相辅相成的不解之缘。

服装的面料、质地、款式、颜色和与之相配的香水，形成一个和谐的整体，代表一种文化品位，也显示出着装人的高雅气质和儒雅的文化内涵。

我们过去常提人的精神面貌，不错，现代人是应该有一种好的精神面貌，一种向上的、气质高雅的时尚美。若要达此目标，就要花点工夫来琢磨一下衣着、香水与你本人的性格、气质如何匹配和时尚取向的问题。这在本书中有专章论述。

通过以上的了解，你决定买何种香水了吗？在选购香水时，还应该注意以下一些问题：

（1）要注意外观，考察香水的外包装是否洁净、完整，是否是赝品。

（2）看香水是否透明，是否有沉淀或悬浮物。

（3）看香水的颜色，不应过于鲜艳，更不能浑浊，应是透亮的。

（4）选择香水的包装，不要太大，一般以30~50毫升/瓶为宜，初次用香则选更小一点包装的为好。如果瓶子大，开启后会有挥发损失，而且香味也会减弱。看瓶子的密封性能，闻一闻香水瓶，不应有香水味；如果瓶子密封不好或者开启过，则香水的保存期势必缩短。

（5）选择一个空气清新的日子，以及自己鼻子最灵敏的时候，比如下午四五点钟时去选购较好。来到商店，拿起香水瓶（纸的或塑料的取样管不会给你关于香味的正确要领），洒一滴到腕骨上。20分钟之后香味才能恢复和谐，你才能感到真正的香水味。

以上主要是选香型，而另一点要特别强调的是，要选择好的留香。高档香水一般可留香5~7小时，中档的香水也可留香3小时左右，低档的香水、花露水、古龙水只能留香1小时甚至更短。市场上某些劣质的仿冒香水，只要一试，就原形毕露。测试香水的留香不是简单地往手上喷，闻闻就行了，而是要用专门的试香纸，在香水中蘸湿无字的一端，然后用文件夹夹住干的一端，在无风门窗密闭的室内放置并计时。

留香持久的香水是香水质量好的主要标志，但不是留香越长越好。人用香水一般能留香5~7小时就足够了，但通常高档香水都能留香2天以上，这是因为留香是高档香水主要的技术质量指标。

第七章 巧用香水

我们反复强调，香水是高雅、时尚的艺术性商品，有丰富的文化内涵，所以使用香水并非只是简单的技术问题，也要有深厚的香文化知识。因为香水用得科学，用得恰当，会给你平添风采，品位高雅；反之用得不当，效果会适得其反，弄巧成拙。

一、使用准备

1. 认识香水

使用香水之前，了解一些香水文化的知识是必要的。如果你将本书从头一路看来，那么你对香水已经有了基本认识。香水表面上看主要是用鼻子感知香味，而不同于化妆品和服饰主要由眼睛看和手触摸。然而香水美的真谛需要调动五官去全方位感知，而非只用鼻子闻香味。

香水不仅是单纯的香味，香味里包含了太多的文化内涵。使用者弄明白了这些，就“读懂”了香水，用起来才能得心应手，恰到好处。

纪梵希似梦似幻的“迷雾花园”（Jardin D'Interdit）

2. 香水催情

香水还有一个重要的作用就是催情，这也是有别于其他物品的一个显著特点。我们已经介绍过催情香料的基本情况，这里只是提醒你使用香水时千万要联系到香水催情这一要素。香水的使用效果是与情感密不可分的。

3. 选对香水

使用香水是要认真选择的。当你弄清了香水的基本理念，也明白你自身的秉性、条件和要达到的目的，这时候你找的香水就应当是最适合的。

是不是真适合你用？应从时尚、品位的角度去衡量。因为使用香水的客观效果才是检验你选择对不对的标准。

本书第十章“名香趣闻”一方面介绍名香的文化品位，同时也提供你选用香水的参考。

4. 选好香水瓶

在使用香水的时候，也可尽情欣赏香水瓶的艺术风格和香水海报的艺术魅力。这也是香水的文化内涵。我们将从中获得高雅的艺术享受。

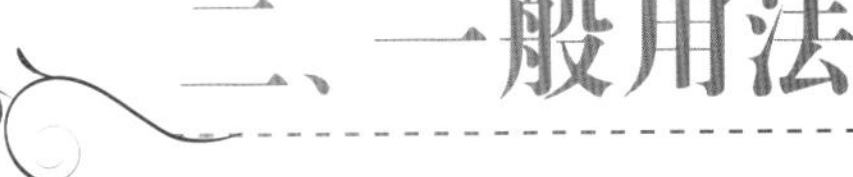

二、一般用法

人体对香水反应最灵敏的地方是有动脉血管的部位。像手腕内侧、手肘内侧、膝盖里侧、大腿内侧以及脚踝等。

擦在脉搏上是常识，擦在手肘内侧或膝盖里侧会更好，因为这种部位皮肤温度高，经常活动，会更有效地散发香气。同为静脉部位的手腕内侧，与事物接触机会频繁，香水很快就会消失不见了，当然不如擦在有脉搏的地方，又有外界适度保护的手肘内侧和膝盖里侧，没有比这两处更好的部位了。

擦香水的代表部位是众所周知的耳后与颈背。香气会若有若无地弥漫，有人靠近你的耳朵或脸部时，能够发挥效果的就只有这个地方了。懂得控制用量就是最有效的使用方法。

人们使用香水的部位：

（1）耳后　喷香或用指尖蘸取少量浓香水轻抹于耳后。

（2）头发　喷香或在长发梢上轻抹少量浓香水。

（3）脖颈　喷香水少量。

（4）胸（左胸）　涂在心脏上方的效果很好，但不能太浓。

（5）腰　喷香或轻抹香水。

（6）手腕　由脉动促进香味扩散。

（7）手肘内侧　轻喷香水到其内侧。

（8）指尖　轻喷一下即可。

（9）膝内侧　涂在静脉上或脚上。

（10）脚踝　穿丝袜前喷香。

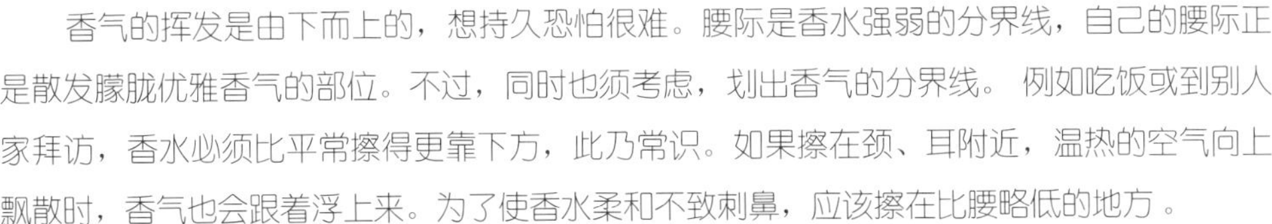

香气的挥发是由下而上的，想持久恐怕很难。腰际是香水强弱的分界线，自己的腰际正是散发朦胧优雅香气的部位。不过，同时也须考虑，划出香气的分界线。 例如吃饭或到别人家拜访，香水必须比平常擦得更靠下方，此乃常识。如果擦在颈、耳附近，温热的空气向上飘散时，香气也会跟着浮上来。为了使香水柔和不致刺鼻，应该擦在比腰略低的地方 。

人潮汹涌或密闭空间，请擦在摇动的部位；聚会、宴会等密闭的空间里，人多得不得

了，这个时候香水只能擦在摇动的部位，如脚、脚踝内侧、裙摆……在这个香水容易被困住的场合，最好擦在下半身。因为人多，而且近距离谈话的机会很多，千万别像打翻整瓶香水似的。如果你想在擦身而过时吸引众人的目光，摇动部位的威力便会发挥得淋漓尽致。若想持久，不妨擦在丝袜上和下半身。当你考虑持久问题，又希望香气由下而上散发缭绕，擦满下半身就是一个很好的主意，例如大腿内侧、脚踝内侧、膝盖内侧以及长筒袜上。

虽然在丝袜上擦香水的人很少，但在穿上之前，先用喷头喷一喷，就有出乎意料的隐约气息，而且香气可以持久，它比擦在肌肤上的香气更不易消失。

男人最爱闻的香味是从头发散发的，再就是指尖，大约有八成的男性认为香水最有效果的部位是头发，然后才是指尖。如前所述，头发基本上须从内侧散发轻柔的香气，每次甩动、迎风摇曳的时候，便会透露出隐隐幽香。另外，指尖是最容易接触到日常各类事物的部位，不只有魅惑效果，从礼节的层面来看，擦香水也是有必要的。因为指尖在人前活动的机会很高，为顾及周遭，擦香水可以留给旁人良好的印象。

香水的使用方式一般以喷雾与涂抹相结合。当你准备出行前，着好装后，将香水离身体20厘米高处喷雾，然后站立在香雾中3~5分钟；或者喷涂于双手腕静脉处，用手指轻点静脉处的香水，抹在双耳后侧与后颈部；轻拢头发，慢抚发梢，双手腕轻触相对应的手肘内侧；还可先喷于腰部两侧，然后手指点香水抹在大腿内侧、膝盖内侧、脚踝内侧。注意使用的香水应与化妆品的香型融合，才能相得益彰。

选用何种香水？首先是时尚、新潮，就是我们通常说的赶时髦；同时要根据你的衣着、体态、年龄和季节等因素选用。用得恰当，可以提升你的气质和魅力；否则会事与愿违，适得其反。

三、巧用新说

人的嗅觉器官直接连接头脑中的延髓，而延髓是头脑中专管情绪和记忆的边缘系统和延伸，因此气味能影响人的情绪。研究发现，婴儿咿呀学语之前，最先留在记忆中的信息是气味，而不是语言。人的气息各有不同，而且也是可遗传的，正如指纹一般。

嗅觉在人的生活中起着重大作用，它能使我们警觉有毒的气体、变味的食品。美国有科学家曾经利用嗅觉对味觉的作用原理，试制出一种带有食品香味的喷雾剂，以帮助食欲过旺的肥胖人降低食欲，促其减肥。

研究还发现，人的体味也能改变另一个人荷尔蒙的分泌，这也证明了“气味相投”和香味催情的原理。

资生堂化妆品公司曾经在空调的通风管里加入香料，以试验能否让雇员消除疲劳，振作精神，取得了良好的效果。笔者也有这样的试验经历。

人们还发现，香草的香味可以使人安静、精神松弛；巧克力香味也有镇静的作用；茉莉和薄荷的香味可提神醒脑；茉莉和玫瑰可催情送温馨；某些花香还可以增加顾客的购物欲望，等等。因而香水公司纷纷推出各种有魅力的香水，以期盼人们感到兴奋、冲动、欢快和镇静等，为香味的魅力所倾倒，借以制造商业上的奇迹。

历史已经充分证明，芳香医疗是一门卓有成效的利用香味治病的科学。许多香料都有着极高的医疗价值。实际上，中国的中草药以及食物、花卉，即古人总结出的“百谷”“百蔬”“百草”“百卉”都是香料，而且是最早为人类服务的自然使者。

四、另类巧用

香水也是一种艺术品，它的用法当然可以根据各自的情况，别出心裁，不必拘泥于某种程式。这就要看你对某种香水的理解了。用得好，恰如其分，就会收到很好的效果。

这里提供一条思路，供喜爱香水的朋友们参考。

比方说，你去参加一个节日联欢或者婚庆活动，当然要显得活泼大方和引人注目，“香奈儿5号”和“毒药”香水等可以让你尽展魅力。而在与客人谈生意和社交中，则要显得庄重、有气质，以淡雅的东方香型兰蔻“奇迹”香水和高雅的“第五大道”“可可”等最为合适。

在使用方法上，也可开创一些有新意的方法。

✦ 1. 全身喷香

先把香水喷向人身上方，然后自己迅速扑向其中，旋转一周，让香雾飘落在你的全身。

✦ 2. 涂抹胸沟

一般在夏天或是比较温暖的时节，将香水用手指轻轻涂抹在胸沟处，会有很好的效果。这用于约会和社交场合会更好。采用花香调和醛香调香水会恰当地诠释女性的婉约与优雅。

✦ 3. 轻抹颈部

涂抹在耳垂后方，延伸到后颈部。花香调，曼陀罗花、黄玫瑰和香草构筑的天空绝对是不可逾越的魅惑。

✦ 4. 涂抹后背

在肩膀和脊椎部涂抹。一般选用橙净花香，如紫罗兰、黑色紫丁香、印度紫檀等非常优雅的品种，倾出淡淡的甜美花香是时尚女性独立的宣言。

✦ 5. 涂抹手腕

选择花果香调的百合、丁香、覆盆子的淡香水，涂抹在脉搏部位，带领他进入神秘的爱恋游戏中。

✦ 6. 选择几个最具杀伤力的诱惑带

根据香水的挥发性和向上飘浮的原理，适当地从腰部以下喷一些香水会有意想不到的效果。

（1）绕脚踝一圈的轨迹　修身长裙是最“女人”的装束之一，而涂抹脚踝也是效果最好的方式之一。

（2）小腿至膝盖　这是女人穿上丝袜最美的一段距离，香水沿着优美的弧线飘散。

（3）勾勒侧面腰线　温软如玉的腰肢上如果有暗香浮动，将会非常性感。

（4）深V香痕　沿着胸部衣装的开口，轻画V字。

（5）连线锁骨　从肩膀沿锁骨画一条线，尤其在穿露肩大领衣时更有韵味。

（6）耳后到锁骨　最亲密的人才能闻到这气息。

（7）肩到手腕　并肩行走时，他会捕捉到这诱惑。

（8）手指尖连线　偷偷将自己的味道留在他手心。

五、变形巧用

香水的液体形态和易燃性，使它的使用受到许多制约。如它的挥发性很强，一旦打开就跑得很快。特别是汽车香水，有些让瓶口敞开挥发的香水座，一般一个月之内就会挥发殆尽，即使加入一些水、丙二醇之类的低挥发性物质也收效甚微。特别是香水的易燃性就更使人头疼，因此汽车上使用香水有一定的安全隐患。试想，如果不小心打翻了香水瓶，或者万一撞车，都会导致易燃的香水引燃，造成的后果不堪设想。再则，香水的易挥发性使它在

空气中难于持久留香，也呼唤新型的固香剂。

有一种香水的固体化可以解决以上问题。我们权且给它取一个异化的名字——固体香水。这种香水的制作也很简单，只需用一种塑胶原料作载体，把香水融合其中就行了。最好做成固体粒子，使得粒子的散香面积扩大。它使用方便，用一个有气孔或开口的瓶子装进含香粒子即可。它的留香悠长，一般在6个月以上，而且携带方便，可上飞机和汽车，不会有安全隐患。在汽车上用，你可以放在各种瓶子里，也可以放在布质、绸料的包里吊在倒车镜下。在办公室、招待所、接待室、医院、宾馆和家里的客厅、卧室，设置放香器，让香氛幽幽扩散，细水长流，沁人心脾。

还要指出的是，含香粒子的制作成本不高，甚至比香水座还低一些，因为它的瓶子要求要简便得多。

当然，要做得完美无缺，也不是那么简单。很多高级香水成分复杂，很多载体不相容，现在能很好相容的还是少数，等待进一步的研究进展和成果，以扩大它的应用。固体香料还可制作成微型香囊和香粉，用在汽车内和室内的喷涂装饰上非常实用，用在空调上吹香风，用在衣物和鞋垫的保香、除臭方面，用在塑胶原料的含香制品上，都有很好的效果。

近年来，还出现了许多香化的衍生产品。比如，果冻蜡加点香氛，可让空间里游离着幽雅的香韵；而果冻蜡加备长炭加香既可取得消毒杀菌、释放负离子以清洁空气的好效果，又能放香，创造提振人们精神的温馨氛围；吸水香粒子，让具有很高吸水性的粒子吸水后加香水保存，放置在厅堂，有幽雅的香韵发散等等。香氛正在悄悄地逐渐进入我们身边的生活环境中，带给我们愉快和欢乐。

随着人民生活水平的不断提高，更多的香化产品还会不断涌现，进入我们的视野，进入我们的生活。

读到这里，如果您兴趣盎然，可以自己动手做一款含香粒子的放香器或放香袋，送给您的小孩或亲朋好友家的小孩，戴在脖子上，使得香气幽幽然萦绕全身，有一种超然的灵韵和仙气，让人乐在其中。也可指导小学生、初中生自制香袋自用，不啻为一种优雅的课外活动。

自制香水链

自制香袋的方法很简便，只需用丝绸或者薄纱布之类，做一个心形荷包或者与戒指包大小相当的袖珍包，里面装上香粒子即可用项链吊住挂在脖子上。当然做成放香瓶也是举手之劳。

每个小女孩都有一个公主梦……

公主服 & 学生香水

第八章 结缘时装

一、缘起

吃穿是人们的基本生活需求，是不可或缺的。我国人民经过60年特别是近30年来的奋发图强，收入水平普遍提高，人们口袋里有更多的钱用于提高生活质量，让生活过得更美满一些，更舒心、惬意一些。

当然，要过好生活，首要的消费是服装。人们期望衣着光鲜，光彩照人，赏心悦目。说到赏心悦目，这里就有了讲究。“悦目”只是视觉效果，看着舒服；而“赏心”就不仅仅是视觉效果了，是嗅觉、味觉、触觉、听觉等多种感官的综合作用。时装能看得见、摸得着，嗅觉和听觉却不能感知。这里就引出一个话题：达其赏心者，非香水莫属也！试想，你看到那得体的时装款式，并为那五彩缤纷的靓丽面料而倾倒，同时能嗅到那芬芳的香韵，还能幻化出像电影蒙太奇一样的听觉效果，怎不叫人如醉如痴？香水与时装结缘，直接效果就是令人难忘的赏心悦目。

衣着华丽的浪漫女孩最与香水有缘

诚然，香水和服装是两种不同的商品，但却有着天然的联系，那就是两者都是美化人们外表的商品。它们有着优势互补的不解之缘。用现代的眼光来审视，你会发现：一套精美的时装，无论面料、颜色、款式都堪称上乘，可穿上后，总觉得缺了点什么，就缺少了与之相匹配的香味。

服装的面料、质地、款式、颜色和与之相配的香水，形成一个和谐的整体，代表一种文化品位，也显示出着装人的高雅气质和儒雅的文化内涵。实际上，这是时装文化与香水文化的精妙融合。匹配得好将会提升着装人的气质，并展示出非凡的魅力，也给城市文明增添一道靓丽的风景。

人们把香水比喻为“流淌的霓裳”，“霓裳”是神话中天仙穿的衣服，那是戏剧里的时装，把香水也归并在时装上，想来确也恰如其分。人们也把香水誉为“液体的钻石”或者“液体的项链”，那不正是与时装匹配的珠宝饰品吗？也真是实至名归。还有人说香水是

“无声的歌吟”“热情的花朵”“缠绵的尤物”，这些诗一般美妙绝伦的颂扬之词，还要加上“声情并茂”和“美不胜收”，岂不令你心旷神怡？

香水与时装结缘有这等的魔力，使两者优势互补，相得益彰，发挥得淋漓尽致。

时装业的蓬勃发展，许多的新款面料给世界提供了一个五彩缤纷、繁花似锦的灿烂场景，也给现代香水业的发展提供了一个发展平台，创造了一个非常难得的发展契机。

二、结缘

“茉莉女香”（Jasmin Noir）与黑色着装多么协调

香水与时装早就有着不解之缘。早在20世纪初叶，时装开始批量涌入市场的时候，人们就开始呼唤与之匹配的香水。最早明白这个道理的是法国女装设计师保罗•波华瑞（Paul Poiret），她认为，一个衣着考究的女士也应是气息迷人的女士，香水会增加她的魅力。另一个设计师让•帕图（Jean Patou）也同意这一看法。在他看来，香水是“一个女人最重要的服饰配件”。早些时候，已经开始有设计师将小瓶香水送给客人，而设计师让娜•兰文（Jean Lanvin）就已经建立起自己的香水公司了。还有许多的服装设计师认为，只有香气馥郁的女士才能配得上她华丽的时装。此刻，香水与时装的结缘已经是趋势所致，水到渠成了。

说到香水与时装的结缘，不能不提到一个伟大的人物——加

布莉埃•香奈儿，这个让人即刻联想到时装、香水、女性解放和自然魅力的名字，被玛丽莲•梦露称为“唯一睡衣”的女人。香奈儿认为：一个衣着优雅的女人同时也应该是个气息迷人的女人；不用香水的女人不会有未来。1921年5月5日推出的“香奈儿 5 号”（Chanel No.5），以它馥郁、高雅的芳香，结合全新现代特色的包装设计，精致地诠释了女性独特的妩媚、婉约、热烈而浪漫的情怀。同时，“香奈儿 5 号”也成为第一支由服装设计大师推出的世纪经典香水。把香水与时装破天荒地结合在一起，形成了绝妙组合，开启了香水与时装的文化联姻，此后一发而不可收。欧美发达国家的许多著名时装公司，都争先恐后地步其后尘，纷纷推出香水，并且着力打造优质名牌。因为时装业有一项得天独厚的条件，那就是它有一大批夺人目光、时尚靓丽的模特为其造势弄潮。而香水正好找到了一个展示无穷魅力的平台，真是如鱼得水，相见恨晚。一时欧美时装界推出的香水百花齐放，争奇斗艳，与名牌时装交相辉映，美不胜收。

现在，一个时装设计师能够推出畅销的香水是他职业生涯中锦上添花的荣耀，而且像迪奥（Dior）、纪梵希（Givenchy）、伊夫•圣•洛朗（Yves St Laurent）、阿玛尼（Armani）和范思哲（Versace）等几乎所有的著名时装公司，都有非常著名的高档香水，其香水的高雅知名度大大提升了名牌的含金量，时装大佬转身又成了香水业界的红人，而且其收入有相当可观的部分来源于利润不菲的香水业，真可谓名利双收。香水业与时装业的美妙姻缘，成就了一大批法国、意大利、英国、德国、美国等欧美发达国家的时装巨头和香水大王。他们在这个叱咤风云的时尚舞台大显身手，创造了一个又一个财富神话，也掀起了一浪又一浪的时尚新潮，把整个世界变得多姿多彩，落英缤纷。

玛丽莲•梦露曾把“香奈儿 5 号”（Chanel No.5）当睡衣

时装业界的名牌时装和香水上市，一定会使时装名牌锦上添花，也一定会使时装、香水业飞黄腾达。这些由时装业与香水业联手打造的名牌更有力地推动了时装业的飞速发

展，也带动了香水业的奋起腾飞，让许多的时装巨子和香水大王们得偿所愿，财富大增。

香水与时装的结缘，营造了良好的经营环境；而且融合了浓浓的香文化与时装文化，有利于人们陶冶情操，提升气质，给新时代的先进文化添上浓墨重彩的一笔！

三、识香

要使香水与时装结合得好，使用时得心应手，就要花工夫来认识香水，了解香水，读懂香水。这里所说的“识香”，并不单指香水本身，而是指完整的香水文化。因为香水不单单是一种商品，而且有与之相伴的香文化，一种代表人类文明的先进文化。

根据一家著名的策划公司的调查，在中国有高学历的知识分子中，知道香水一点皮毛，只知道法国香水好，或者说只听说过香奈儿、古龙水等的人只有1.5%；绝大多数的人对香

德国时装”爱斯卡达“（Escada）的香水海报

水几乎一无所知，不知道还有香水文化，甚至还有人说：“不是说香水有毒吗，怎么还能用？”更谈不上如何品香与审美了。

国内香水基本上没有广告，而出版的香水专著也很少，而且几乎清一色地介绍国际名牌香水以及人云亦云的香水知识和趣闻轶事，所以香水文化基本没有普及和推广。诚然，香水的相关知识涉及的面比较广，要了解它还要经过一番努力，不是一蹴而就的事情。

前面已经述及，从广义的角度讲，一切有味道的动植物，都可泛指为香料。我们通常所指的酸、甜、苦、辣、咸，甚至于有臭味的也在香料之列。调香师调出各色香味，都是取材于上述各种香原料。如此说来，我们通常所见的大多数中草药和食物都是香料的范畴。而把香料只理解为一种有香味的原料，那是一种狭义的误解。

我们充分认识了香水的特性、分类、档次和使用方法，才能选好自己的香水。与自己的服饰、气质、品位完美结合，才能光彩照人。常言道，“闻香识女人”，这是有道理的。因为一个女人用什么样的香水，体现了她的性格、爱好和气质，也体现了她的文化品位。你想给人们展示你的魅力和不凡的气度，就得好好选用香水和与之匹配的时装、服饰。这就如同我们在餐桌上享用的美味佳肴，要“色、香、味俱全”。服装的款式与颜色、摄人心魄的香水味，加上着装人的高雅气质和文化内涵，三者巧妙地结合，达到珠联璧合，方能演绎造化出一位“色、香、味俱全”的时尚新人。

香水文化的演绎，铸就了香水的人文因素，亦即香水像人一样，也是有性格的，尤其是名牌香水更加性格鲜明。本书列出的六大性格可供参考。

喜爱香水的人，实际上香水也在帮你塑造形象。你喜好什么样的香水，肯定能从中探知你的个性特征、儒雅风度和文化内涵。所以不要小看了这一招，它可是你的一个招牌、一张名片。

有趣的是，但凡名牌香水都有一个脍炙人口的故事。经常使用香水且熟悉香水文化的人，大都知晓这些有趣的故事，并常在坊间津津乐道。当你选用“蝴蝶夫人”这款香水时，你会联想到蝴蝶以及那凄怨动人的“蝴蝶夫人”的故事。这只蕴涵着人们美好情感的精灵，融合了人们的理想与梦幻，幻化成一汪似水柔情，恰似“蝴蝶夫人”香水。这个凄凉而悲愤的故事，变成了这款香水的主基调。我们知道，蝴蝶有集体赴死的悲壮，在暮色苍茫中大片的蝴蝶在山野间竞相飞舞，那是它们最后的时光，其悲壮场景令人难忘。制作者把香水瓶做成红蝴蝶，颜色自上而下渐渐变浅，成为淡淡的橙色。它让人产生联想，幻化出那哀怨动人的故事。香水采用果香作为头香，加上香草、麝香等经典香料，再有浪漫的玻璃蝴蝶瓶相配，显得更加诗情画意，韵味无穷，也寄托着人们对美好爱情、和谐生活的一种追求，也表达了对蝴蝶夫人的同情和美好期盼。

我们把“蝴蝶夫人”香水和它的瓶形、香调、趣闻、故事以及专家们的见解结合起来，就是这款香水完整的文化内涵，我们完全读懂了它，认识了它，用起来才能得心应手，恰到好处。

四、匹配

何为与之匹配的香水？这得从服装的款式和颜色说起。

服装的款式与香水很好匹配，因为香水也有性别、年龄之分，还有性格、喜好之别，更有聚会、场合之异。至于说到身材胖瘦，香水也可体现着装人的愿望。比如，味道微甜且有点重香气的绿香调和中性调的香水，有青叶或青草味，闻起来清爽，高挑纤瘦的模特儿形象便在脑海中油然而生；而柑苔调香水的甜香味儿，又可使人联想到丰满、性感、魅力十足的形象。因此，女士们事先要充分了解你所选用的香水后面的“潜台词”，千万不可轻视香水的影响力。

香水的香韵与时装，与人物本身的性格、风韵、气质的匹配是最重要的。前面已经讲过，香水是有性格的，与着装人的性格是否相辅相成，是每一位选购香水的朋友必须要注意的。匹配得好，将会增光添彩，如果匹配不好，效果就会差，甚至适得其反。选用香水的原则在另外的章节阐述，这里不赘述。

香水与时装颜色的匹配也是一个方面。这里所说的匹配是指香水的香韵与各种时装颜色的搭配而不是香水本身的颜色。我们都知道，服装与色彩的搭配是非常重要的。人们对颜色的理解总是高于对服装款式的理解，您当然是首先满意颜色才去挑选款式的，或者款式再好，色彩不中意也只有放弃。这就是人们将一种款式分成许多颜色种类的原因。同样，香水的香韵与色彩也是需要搭配的。我们将色彩分为暖色调、冷色调及中性色调。不同色调、不同颜色都有各自的代表性含义。红色是温暖与热情的象征，绿色充满青春生命的蓬勃朝气，紫色象征优雅华贵，蓝色寓意端庄、深邃，而那些混合而成的中性色总给人一种沉稳、高雅、优美的感觉。暖色调的香水如“香奈儿5号”，热情、浪漫；冷色调的香水如“绿茶”“爱恋”等清新、淡雅；中性色调的香水如“CK one”，平实、沉稳。而香水恰恰可与颜色匹配得珠联璧合，相映生辉。

香水与时装搭配得美不胜收

请看雅顿“绿茶”的宣传画，绿色茶海的平面上，载着一位亭亭玉立的绝代佳人，她的身上充满中国元素，看那手中举着的伞，身着的那改

为“绿茶”香水代言的美国影星凯瑟琳•泽塔琼斯

制的粉红色旗袍，相信每一个中国人都倍感亲切。

诚然，香水喷在衣服上是看不到颜色的，可挂在汽车上和摆在厅堂里，却是一道靓丽的风景，非常吸引人，也是一道“色、香、味俱全”的大餐。

服装的款式是一种无声的语言，表达着服装的含义，同一位男士，着西装领带与着休闲服的风格迥然不同。同一女士，着不同款式的服装，风格也不一样。夏天，着无袖的、飘逸的绸质上装的花季女孩，配以质地上乘的白色长裤，她们似乎就是“许愿精灵”香水的模特，或者洒一点“欢沁”也很协调；有着高雅气质的职业女性，端庄的职业装配“可可”香水，更能体现你的成熟魅力；上班一族的白领男女，选用“CK one”香水也十分地贴切、优雅；经理级的健壮男士，身着名牌时装赴约，你不妨用一点“鸦片”香水，会让你更有男子汉的气度和魅力，助你约会成功。香水与服装的搭配在东方风味的旗袍上更为典范，丝绒、织锦缎做成合体的旗袍，最能显示东方女性的典雅和秀美。像“香奈儿5号”香水，就更能增色添彩，使人仪态万方。

五、品牌

时装和香水都是十分注重品牌战略的行业，而热爱时尚和新潮的年轻人也是从品牌了解这两个行业的，时装行业是先行者，先把时装品牌做出了名，再介入香水行业，欧美大多数的著名香水品牌都是这样发展起来的。欧美香水名牌的身世说明，真正从香水本身成长为名牌香水的为数很少，而依附时装品牌起步的香水品牌占了大多数。这一方面是时装的确需要香水来完善它的美感，是不可或缺的；另一方面是时装更需要香水来提升自己的品牌价值，而香水也非常需要这样一个依托的平台。于是才有了这么多的时装、香水双料名牌应运而生。历史证明，香水与时装的关系竟然是这样的唇齿相依，相得益彰。

香水的品牌战略也告诉我们，时装才是香水最好的依托平台。时装业的发展必然会带动香水业的发展，即使从时装业本身的发展考虑，也应当把品牌香水做好做大，只有这样才能

时装模特与“ESCADA”香水配搭多么时尚、新潮

把时装业做得更加兴旺发达。年轻人都爱穿名牌时装，这是因为名牌代表着时尚和新潮，代表着质量上乘，名气响亮。如果配上匹配的香水，肯定会更完美。如果香水也是名牌，更能添香增艳，美不胜收。

曾经到过欧美发达国家的朋友们都有过这种经历，无论是漫步街头，或者到商店浏览，或者朋友家聚会，处处都感受到品牌的效应。

品牌效应在时装和香水行业上对人们的影响是十分深刻的。人们赶时髦首先就体现在追求名牌上，名牌好像有一股魔力，它会给用名牌者添加一种精气神、一种心灵的满足和荣耀，同时也能折射出使用者本人的气度和品位。所以当人们的物质生活达到一定高度时，这种追求精神生活的提高，追求名牌的时尚就会越来越多，成为一种新的时髦。

追求名牌时尚的年轻人，要想获得最佳的品牌效应，就必须深刻地了解名牌的内涵，真正把品牌的精神底蕴弄通弄懂，化作自己的精气神和儒雅气质。比如，亲友邀请你出席他们隆重的婚礼，你可选择一套淡红底色上面带紫红色大花的旗袍，配上“香奈儿5号”香水，显得活力四射，高贵典雅，使人联想到国际巨星玛丽莲•梦露的婉约、浪漫，会给人留下很好的印象，也会给自己留下美好的回忆。而一套知性的高级白领职业装，配上南京巴黎贝丽丝的“桃花盛开”女士香水，使着装者显得自信、庄重，气质高雅，在商战中有先声夺人的气概。

六、前景

早在20世纪初，法国、意大利等的时装大亨们就用时装品牌做香水。他们开辟了一个时装与香水联姻的新时代。正是这些具有远见卓识的时装大师们慧眼识珠，他们看到了香水对于时装是多么的重要，多么的不可或缺，从而相互促进，把时装与香水推到一个新的发展境界，既有利于香水业的飞跃发展，又使时装业更上一层楼。细数一下当今的世界名牌香水，很多都出身时装豪门，而且大多数香水的知名度已经超越了原来的时装品牌。

中国是世界上人口最多的国家，人口大国必然是时装大国。提高生活质量，在时装上做文章是必然的，而用一点与时装匹配的香水，就是锦上添花了。我国的时装业近年来发展很快，许多的好品牌开始成长起来，喜爱香水的人也迅速增多，有远见的时装业巨子和香水业的才俊们一定能找到一条坦途，把我国的时装、香水业做大做强，创出我们自己的名牌来。

第九章 香溢汽车

香水是美的化身，人们称颂它是“液体的钻石”“流淌的霓裳”，也总让人联想起女性的柔和媚，人间的花香与温馨，给人们的生活平添了几许安祥与温柔。汽车是现代生活的象征和标志，为许许多多的人增添了前进的勇气和动力。而汽车香水则将香水的温柔和汽车的刚毅巧妙地融合在一起，渐渐渗透到了人们的生活之中。现在，用香水装点自己的爱车已经成为一种时尚。

汽车香水具有双重功能，一方面要去除车内的杂味，如皮革味、汽油味之类；另一方面就是带来温馨与香韵。好的香水，能体现汽车主人的气质、品位、风采和文化内涵。

当你千挑万选地选中了一款小轿车，买下来开回家之后，你微笑的脸庞写满了“幸福”和“惬意”，从此，你的生活中又有了新的内容。

轿车内空间不过3立方米左右，而且经常处于相对封闭的状态，尤其是在冬夏季节和雨雪天，车窗关得严严实实，车内空气便无法流通。车内配件和小饰品多为真皮、丝绒或塑胶、橡胶等不同材料制成，它们散发各自的气味，并混合成一种难闻的异味。这时候你一定会想到用点汽车香水，是的，它能起到清新空气、去除异味的作用，如皮革味、机油味、汽油味等，都需要清除；若还能留下一缕香氛，愉悦身心，岂不更为美哉！再进一步，香水的品位高雅，又有儒雅的内涵，会给主人和“良驹”都添彩增艳，那就是锦上添花了！一瓶小小的汽车香水就把你的“良驹”打扮得人人喜爱，心悦诚服，实在是妙不可言的事儿！

客观地讲，没有人不喜欢香水，我们的嗅觉、味觉都喜欢香味，因为香给人们带来快感，振奋精神，还可以增进食欲，改善环境，美化生活，甚至还可提升气质，陶冶情操。

一、汽车需要香水

跟时装一样，汽车也是需要香水的。这不仅是因为汽车里需要清除异味，释放温馨的香韵，而且汽车文化与香水文化的融合，能够提升汽车文化的品位和时尚，体现新一代车主们追赶时尚新潮和高雅的气质。

（一）香调

不同香型的香水诉说着不同的风格，这种风格被称为“香水的调”。车用香水也有“调”的区分，通常有花香凋、果香调、木香凋、甜美调、醛香调等5种。

市场上的主流品种是果香调和花香调，前者是果类的果皮、薄荷叶所呈现的清新香气，有时也会表现柑、橘、柠檬的味道，旨在凸显年轻和活泼；后者则是植物中花类、叶子等所特有的百花香，主要以茉莉香、紫罗兰香和玫瑰香为主，表现的是高贵和典雅的气质。

木香调和甜美调是另类的车用香调，例如檀木、松柏等植物的根和茎所散发的木质香气，表现粗犷和时髦；甜美调表现花类香型中的甜味，以突出妩媚、娇柔为主，并给予驾乘者甜蜜和幸福的感受。

还有一种醛香调，则是表现年轻、保有个人色彩的香型。

近年来，开始注重将世界名香移植到汽车香水中来。说也奇怪，汽车香水一直以花果香为主，其他的香型似乎与汽车无缘。然而这条不成文的定律现在终被打破，如深圳飞美和合肥精汇化工所的汽车香水就率先推出了以名香为主香的新型汽车香水。这些名香首先是经得起时间的考验，有很好的市场基础；而市场认可的香型，当然就容易取悦顾客。比如，一款名为“蓝色钻石”的香水，借助于透发力很强的由清新花香、果香组成的飘浮不定的幽香，让你的情绪为之一振。它颠覆了众多传统花香的汽车香水，走俏市场。另一款名为“翡翠”的汽车香水，使许多喜爱雅诗•兰黛2003年9月在美国上市的“霓彩天堂”的朋友们，也在这儿找到了知音。而喜爱“毒药”“沙丘”“蓝月亮”“一生之水”“普拉达”的香迷们，也能在汽车香水中找到相同香型的身影。

（二）品位

汽车香水也讲究品位，因而也备受车迷们的青睐。高雅品位的香水能反映车主们的高雅气质，这是非常自然的事情。一部高级轿车，里面却放着一瓶劣质的汽车香水，乘车人一定会把不愉快迁怒于车主，这可是“花钱买罪受”的最不值的买卖。

高品位的汽车香水一般要有以下几个条件。

品位高雅的水晶汽车香水座

1. 传统香

前面已经提到过，传统汽车香水多采用花果香型，比如柠檬香，它的优点是除异味比较好，头香带辛香，比较容易挥发，也有相当好闻的甜清香韵；缺点是原始柠檬香带有比较厚重的酸涩味道，调配不好容易喧宾夺主，让酸涩味成了主流，那就是不折不扣的劣质香了。

还有就是这些传统香大都是单一的花果香，一闻

便知，很直白，没有悬念，也激不起人们的想象力，两三天之后就会产生审美疲劳。这就是品位低下的一种自然感受，当然是人们最不愿意看到的。

2. 移植名香

本书中介绍了许多国际名香，它们的名气就是高品位的象征，备受人们的喜爱，如果能移植到汽车香水中使用，那是非常好的创意。但要注意，不是所有的名香都可以移植的，还得选择适合汽车中使用的。

3. 加色增艳

汽车香水加色会起到事半功倍的奇效。香水人用时多是喷成雾状，从结果来看，人用香水颜色只在购买时显示它吸引人的魅力，而汽车香水却在使用中吸引人。因为香水如果只有鼻子能够闻到，那它的魅力就会大减，而充分调动人的五官来感受，那香水的魅力就大大增强了。试想，你的鼻子闻到香，又有眼睛看到五彩缤纷的颜色，联想到那些脍炙人口的香水故事，你的耳边会幻化出那无声的音乐，甚至脑海里也能浮现出海市蜃楼的仙境，或者是像电影蒙太奇那样的美妙场景，这就充分展示出香水文化的高雅魅力，使我们能够充分享受到香的乐趣和美的熏陶。

4. 创新品种

汽车香水的品牌效应好像不如人用香水那样重要，香韵优雅、透发力强且富于想象力的都能得到大众的喜爱。欧美比较流行的香子兰香型就是一例。本人开发的“新世纪”香也广受欢迎。

请注意，很多高级轿车驾驭台上摆着外表漂亮昂贵的香水座，可一点香味也闻不到，这成了名副其实的绣花枕头。原因就是选用的香水透发力很差，挥发不出来；或者是用酒精作溶剂，挥发得太快，随风而逝，也是闻不到香味的。

（三）时尚

时尚是香水的生命线，汽车香水也不例外，这一点跟汽车文化也很吻合。汽车也有时尚的款式和流行的品牌。汽车主人大多是时尚人士。跟上时尚潮流，这也是人们选汽车、挑服饰、用香水的共同之道。所以要选取时下流行的汽车香水。

1. 主流时尚

在汽车香水中，汽车是时尚主流，香水是配搭的副体，配合得好能够锦上添花。所谓配搭得当就是指：一是适合主人的喜好，二是符合主人的品位，三是具有鲜亮的颜色。好的汽车香水给乘车人带来好心情，使旅行愉快。

2. 名香时尚

名香是一块金字招牌，有些比较熟悉香水的时尚人，他们对名香是比较敏感的。如果闻到了熟悉的名香，心情舒畅，好感会油然而生，也会给主人的名片上增添亮色。

3. 时尚联想

香水本来就是给人们带来快乐的。它清除了车内的异味，释放着温馨的香韵，自然是取悦于人的。人们需要时常有个好心情，这是健康生活的第一需要。因为现在我们基本上已衣食无忧，所以心情好就摆在重要的位置了。

4. 时尚新品

最近研究用备长炭、果冻蜡等加香的汽车香水，将会开创汽车香水的新时尚。尤其是备长炭，它能产生负氧离子，清洁空气，消毒杀菌，能抗手机辐射；它的远红外线还可以促进人体血液循环，消除疲劳等等，配上香水功能，将是汽车香水的新星。

另外，开发小工艺品为主题、香水为附饰的款式是未来的创新模式，体现时尚、新潮的艺术风格，应为新的发展方向。

二、车载香水的技术改进

车载香水自2004年上市以来，十年有余，已经发现了不少技术问题需要改进、提高，才能使得车载香水继续发展，步入健康的轨道。

其中一个最主要的问题是，用于车载香水的香料中有许多挥发性不好。亦即其香分子的内功不够，动能低，无法带领整个香水跳出低能的范围，把香氛送到两米以外的乘客的鼻端和身边。实际上，由于不像人用香水那样有喷头的帮助，可以把香水喷到乘客的身边，所以

二龙戏珠款式车载香水

人用香水就不存在这个难解的难题。

车载挂饰香水，没有了喷头，又基本不用酒精作溶剂，在技术上又不采取措施，像如今的车载香水已经十年都没有在技术上改进，就使得大多数车载香水挂在车头的倒车镜下，即使人们坐在驾驶室或者副驾驶位置，都很难闻到香水味。要解决这个问题，先引入一个技术术语。

（一）悬挂式香水的透发力

由于车载香水没有喷头，也不用酒精，它的挥发性就会大打折扣，这要从香水中的香料本身找出问题。这里我们引入一个术语，叫做香料的透发力，香料的透发力，就是香料透过空气的传播能力，它与香料的挥发性有关，挥发性强的香料一般就透发力强，就可以很快把香氛传播到两米开外。因此选择透发力强的香料，尤其香水的头香与主香原料选用的是透发力强的香原料就能解决这个问题。

（二）寻找透发力强的香原料

寻找透发力强的香原料，要借助工具书，找出蒸汽压高的香料。我们通常用到的是醛类、醇类、酚类、醚类、酯类、长叶烯类等。

最常用的是醛类。就说乙醛吧，它的蒸汽压（单位面积下的压强）是83万多，是我们常用的酒精（5.9万多）的蒸汽压的15倍以上。它是最著名的香奈尔5号香水的头香核心成份，因此它的知名度那么高，那么张扬！那么有范！我把乙醛用在我的新世纪车载香水中，用作头香，也特别有范！

还有如“鸿运”“梦巴黎”，它们都加入了醚类溶剂，也可以带出香氛在离瓶口两米开外，让你能轻易地闻到那幽雅而绵长的香韵，沁人心脾！

从2004年开市到现在，始终没有解决好这个问题，可以说90%以上的车载香水没有解决好这个问题，偶尔有个别香水解决了这个问题，也是偶然碰中的！不是有意而为之。今后就不要再犯这样的同质错误了。

（三）改进款式以突显时尚、新潮

从2004年到现在，已有12年，我们车载香水的款式依然故我，没有太多的改进，因此近七八年来，一直在走下坡路。款式老旧，香型偏少，还有最关键的问题是几乎闻不到香韵，人们只好不再使用，宁可买一个中国结或者什么有点新意的挂饰挂在车头，点缀一下气氛。是不是？现在还有许多人就只挂袖珍的小工艺品了。寻找自己的乐趣！这有可能是一种“无声的抗议”啊！

其实如果仔细想一想，就不难发现，车载香水还是大有奔头的，只要遵循车载香水的两大特点，在时尚、品位上去做文章就好啦。看看几年前，美国苹果手机的多功能转变打出了一片天下，就能茅塞顿开！

我们不妨放下身段，甘当配角。比如作成小巧玲珑的工艺品，在工艺品中找出一个地方装进香水，或者做成艺术香片，都是很受欢迎的。不信你试试？

（四）普及香文化，宣传大健康

香产业是发达国家最重视的朝阳产业之一。只有人们的生活素质要求提高，才有香产业的大市场。过去的经济落后，所以香产业也发达不起来，现在经济大力发展了，人们口袋里有了余钱了，才使人们有了香产品的需求。这就是机遇，市场很大，前途无量！

香产业，首推是大健康产业。人们最需要的是健康，有钱了，也当家作主有地位了，首推要健康。香就是最好的大健康产业。我们熟知的精油香薰、大量的香味食品、保健品、高档的化妆品。其实香水也是很好的健康产业。香水是物理混合物，不是化合物，更不是化学品。尤其近年迅猛发展的幻想香产品，它完全颠覆了传统的玫瑰、茉莉等单一香型的老旧仿香型旧货，由“甜、清、鲜、幽”四字诀领衔的幽雅香韵与幻想香共同打造的现代新香，才是开一代新风的清新明亮，快乐健康。

车载香水

通过艰苦的劳动获得财富，又在中国历史上第一次普及了汽车的应用。尽管车上的装饰和部件早已布置得井井有条，但充满欢乐的车主们怎能放弃这个表达自己

喜悦心情的机会。他们精心挑选外观美、颜色艳、款式新、香型好的袖珍实用型香水挂在了驾驶室的倒车镜下。因为汽车里的一切都已固定，不能自由变动，唯一由车主人决策的便是这款独具匠心的悬挂式车载香水！它的款式、颜色、香型无不打上车主人的印记，无不体现车主人的爱好、兴趣、品位，乃至方方面面，堪称画龙点睛。

想要做好这款实用香水，制作者要花很多精力来仔细谋划。其一是这类实用型香水有相当高的技术含量，不是所有的香料都能用的！只有透发力好的香料才能用。透发力即香氛透过空气的传播能力。其二是实用香水的每一项都应有喜爱的顾客群，比如款式、颜色、香型都应有相应的特色引人关注，不如此就会被市场所淘汰！

从该款悬挂式香水上市10年的历程来看，显然，这香水的基本要素是时尚和品位被忽略了，请看它的款式、包装还是老样子，这显然就不合潮流，因此很多原来用惯了车载香水的人也产生了审美疲劳，他们不用了，当然还有一个很重要的原因是香水的质量没有提高，有的甚至退步了，许多透发力不强的品种，离开瓶口就闻不到香味的不合格品种也充斥市场，使得很多人止步于香水店前，从而“门庭冷落鞍马稀”了！

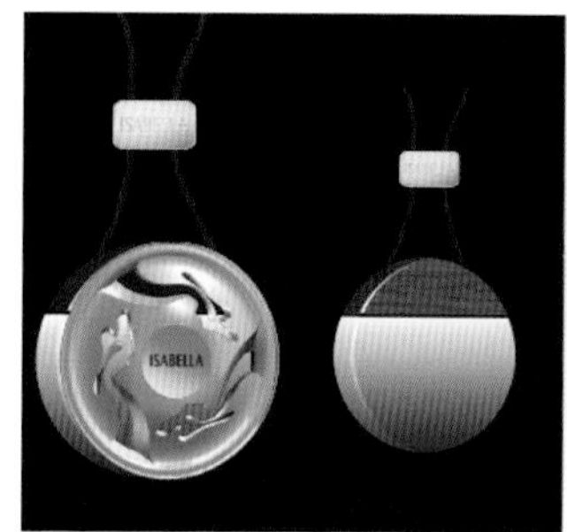

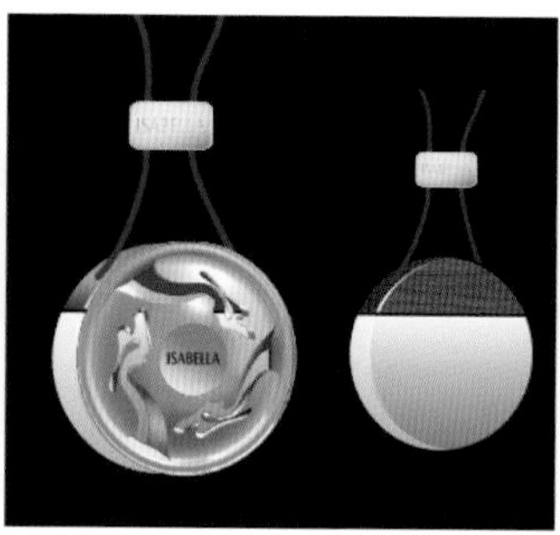

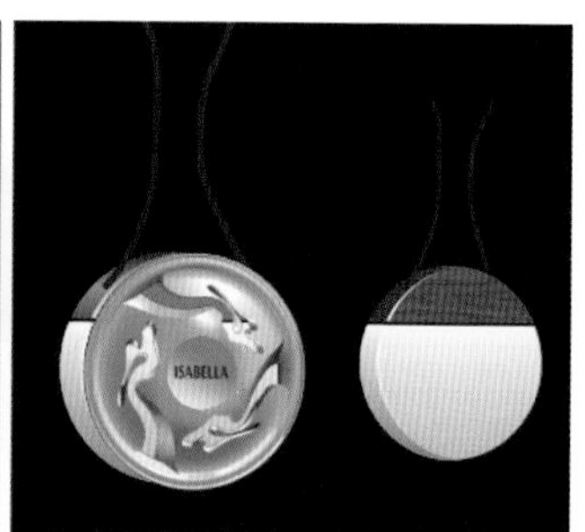

各式悬挂式香水

现在款式和包装的更新已经迫在眉睫，也确实在改变了，特别值得一提的是有许多新的款式、工艺品+香水的多功能模式在逐渐推开？可是还是不能把客户都请回来，为什么？这里深层次的原因可能是由香水的透发力低下导致的。

悬挂式实用香水与人用香水有较大的区别，人用香水是以酒精为溶剂，通过喷头而助力将香水喷成香雾，飘散在空气中，甚至飘在你的头发或者衣服、皮肤上，自然你的鼻子也就容易闻到香味了。而挂饰香水就不一样，它一般不是用酒精作溶剂，因为酒精易燃，再说酒精挥发太快，很快就会挥发完，不经用。因此，挂饰香水通常都用环保型的有机溶剂作稀释剂，一来在保障其挥发度之外，还可以尽量提高其黏稠度；二来要保证其香水的透发力。因为悬挂式香水都是吊起在空中，离人的鼻端有段距离，至少得有两米之外。比如汽车驾驶员，还有坐在车后的乘客，更不说那些在办公室、客厅、卧室里悬挂的工艺品香水，人们要能闻到飘逸的香氛，完全有赖于香水强势的透发力。

这种透发力主要来自于香水的强力内功，即这类香水所用的香料和溶剂都要有很强的挥发性，这就要求制作者懂得香料化学，只有少数的香料具有强透发力。如果不懂得这类香料的基本要求，不熟悉所用香料及溶剂的透发性能就不能做好这类香水，就像市场上所看到的那样，能在瓶口闻到香味，离开瓶口就闻不到香味了。

还有一个就是各家产品竞相降价，不注重产品质量，很多不靠谱的产品也在市场招摇，甚至还冒充某国的假品牌，或者自称是天然精油或香薰，欺懵顾客，这就更是不可原谅了。

这里要提示一个问题，香水是一个时尚和高品位的产品，其技术含量也很高，不是随便拿香精来稀释一下就可以做好的，如果要做好并满足各类顾客的需求，还是要讲究科学技术的含量，否则就只会失败，被市场所淘汰，近几年的市场就充分说明了这一点。

工艺品挂饰 / 车载香水中国结

悬挂式实用香水的关键是香水的透发力，而这个透发力是由悬挂式香水的内在因素决定的。倘若你用的香料或者溶剂都不具透发力，亦即挥发度很差，那它是不适合做这种实用香水的。目前市场上有相当多的产品就是这样的，选购的时候，买主并不知情。他们只是到香水店里打开瓶盖闻一闻香味，感觉好闻就买了。实际上这种检验悬挂式香水的方法是错误的。

显然，光用打开瓶盖用鼻子直接闻香品味是不合适的！因为悬挂式香水挂在高处，离人的鼻子很远，很多透发力不强的香水是无法将香氛送到你的鼻端的。

前面已经阐明，要解决悬挂式香水的透发力问题，必须从香料选择开始。在有机化学中有一类芳香烃物质，其中有些品种能将香氛用本身的超强透发力，也就是超强的挥发性。它把香氛挥洒到周围的空间，让人们能自如地感受到香氛的幽雅、惬意。可惜有很多人不懂这个道理，无意中买回的竟是挥发性不强的，香味送不远的不合格产品！

要解决这个问题，制作者和购买者要同心协力来做。

挂饰香水

制作者要选择透发力强的香料和溶剂，这样的原材料才能做出透发力强的挂饰香水。这方面的技术问题需要研究一下，先在实验室或车上或客厅试一试效果，两米以外能闻到香味才是可用的。如果客厅大，娱乐场所也大，还要再考虑用更好、更浓一点的透发力香料。

建议选购悬挂式实用香水的朋友，也一定要打开瓶盖后，离瓶两米开外能够闻到香水味才能买回去，否则是不合格的，别浪费钱！

实用香水一定要有实用价值，来不得半点虚假。要事先把香料化学的香料和溶剂部分好好学一学，弄清你所需的有超强透发力的香料品种及溶剂，才能做出合格的悬挂式香水，并成为喜闻乐见的好产品。

为普及香文化的知识，这里再给大家举一个实例。

在全球香水业界的顶级名香水中，有一支最著名的香水名叫香奈尔5号（Chanel No.5），它的头香中有醛香。这种醛香透发力非常强，所以它的透发力出奇的好，很远都能闻到它的香味。找到这一类的香料，问题就解决了。当然从专利文献中找就更好解决了。

从香料化学中，了解香分子的运动原理，比较活泼、动能比较充足的自然就更能把香氛送得更远。

世界上的香料有天然及合成的两大类，它们既有共性，也都有个性。不同的香产品要采用不同的香料，就像用于日化产品的香精，尽管味道是相同的，好闻的，但是不能用于食用产品，因为它们的质量要求不同，用途不同，所以不能乱用。

诚招代理：
400-800-1114
花样年华
——童年的味道……
陈盍桃老师系列香水
EAU DE TOILETTE
30ml ℮ 1.0 FL.OZ

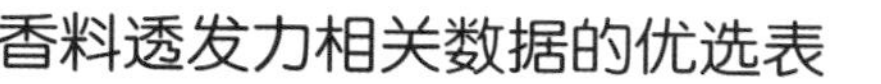

常用香料透发力相关数据的优选表

香料名称	沸点/℃(101.3kPa)	分子量	蒸汽压/Pa	赋香力	保留时间/h	挥发时间/h	单价/元
桉叶油素	176.4	154	1650	320	3.64	3	80
八角茴香油	—	—	—	160	4.7	18	85
百里香酚	231.3	150	35	450	6.72	40	260
苯丙醇	236	136	23	160	—	30	220
苯丙醛	222	134	92	450	—	30	350
苯甲醛	178.1	106	1100	500	3.1	1.5	36
苯甲酸卞酯324	—	212	0.36	5	12.59	100	35
苯甲酸丙酯213	—	164	220	—	6.43	—	—
苯甲酸甲酯198.1	—	136	340	400	4.1	5	28
苯乙醛	206	120	390	400	4.58	28	300
苯乙酸甲酯220	—	150	125	—	5.1	—	—
苯乙烯	144	104	4900	1300	2.81	1	8
丙二醇	188	76.1	220	5	2.21	10	14
丙酸	140.3	—	4000	—	—	—	20
丙酸丙酯	121.4	116	13100	—	2.38	—	—
丙酸甲酯	79.8	88.1	85300	—	2.08	—	—
丙酸戊酯	160.4	144	2100	—	3.26	—	—

续表

香料名称	沸点/℃(101.3kPa)	分子量	蒸汽压/Pa	赋香力	保留时间/h	挥发时间/h	单价/元
丙酸乙酯	99.2	102	36500	—	2.13	—	30
薄荷酮	209	154	320	350	4.8	7	300
草莓醛	208.3	206	153	750	9.84	23	160
大茴香醚	153.8	108	3300	—	—	—	20
大茴香醛	248	136	32	100	6.16	28	150
丁酸	175.8	88.1	1030	—	2.48	—	16
丁酸丙酯	142.5	130	4500	—	2.72	—	—
丁酸甲酯	102.9	102	32600	—	2.14	—	80
丁酸戊酯	178.6	158	850	—	3.86	—	32
丁酸乙酯	119.6	116	15500	360	2.35	0.9	23
丁酸异戊酯156.9	—	144	2250	—	3	—	—
丁香酚	252.7	164	13.8	200	7.45	48	92
对甲酚甲醚175	—	122	1200	490	4.01	16	102
对甲基苯乙酮224	—	134	137	—	5.09	—	95
对伞花烃	175	134	1450	—	3.57	—	12
二甲苯麝香	—	297	0.01	40	14	450	29
二甲基对苯二酚213	—	—	180	—	4.56	—	76
二乙基硫醚138.6	—	—	8400	—	2.12	—	—
芳樟醇	198.3	154	165	100	4.18	18	88
庚醇	175.2	116	380	—	3.12	—	—

续表

香料名称	沸点/℃(101.3kPa)	分子量	蒸汽压/Pa	赋香力	保留时间/h	挥发时间/h	单价/元
庚醛	153	114	3400	700	2.79	1.8	265
庚酸乙酯	187	158	550	—	4.7	—	26
胡薄荷酮	224	152	138	100	—	18	64
己酸乙酯	166	144	1700	—	3.28	—	35
甲基庚烯酮173.1	—	126	1200	—	—	—	98
甲基己基甲酮171	—	128	820	—	—	—	—
甲基戊基甲酮151.5	—	114	3850	—	—	—	—
甲酸	100.6	46	40000	—	—	—	24
甲酸卞酯	205	136	320	130	—	1	100
甲酸丙酯	81.2	88.1	82700	—	2.07	—	—
甲酸庚酯	177	144	525	—	—	—	—
甲酸甲酯	31.8	60.1	584000	—	1.98	—	—
甲酸乙酯	54.5	74.1	243000	—	2	—	40
甲酸异丁酯97.7	—	102	42000	—	2.1	—	—
甲酸异戊酯124	—	116	14000	—	2.33	—	—
甲位蒎烯154	—	136	4400	—	2.87	—	25
甲位水芹烯175.8	—	136	1030	200	3.41	1	40

续表

香料名称	沸点/℃(101.3kPa)	分子量	蒸汽压/Pa	赋香力	保留时间/h	挥发时间/h	单价/元
甲位小茴香酮193.5	—	—	800	—	—	—	—
甲位辛酮	179	—	560	—	—	—	—
莰烯	159	136	2700	250	3.13	0.7	40
糠醇	163.3	—	770	—	—	—	—
糠醛	161.7	96.1	1500	—	—	—	18
葵子麝香	—	268	0.025	—	13.7	—	145
DEP	298	—	0.5	5	10.6	60	20
龙葵醛	203.5	134	225	100	4.14	—	300
壬醛	191	142	260	550	6.64	1.8	260
麝香酮	328	238	2.5	—	—	—	25000
十四酸异丙酯	—	—	—	5	13.85	400	—
水杨醛	196.7	122	480	—	3.76	—	44
水杨酸甲酯223	—	152	118	450	5.4	1.5	24
戊酸甲酯	126.5	116	19000	—	2.44	—	—
戊酸异丁酯169.4	—	158	1550	—	3.53	—	—
香茅醛	206.9	154	230	380	4.76	7	80
香兰素	285	152	0.17	60	7.92	400	100
小茴香醇	201.5	—	680	—	3.08	—	—
辛醛	171	128	850	1000	3.28	3	180
辛酸乙酯	207	172	175	—	5.29	—	72

续表

香料名称	沸点/℃(101.3kPa)	分子量	蒸汽压/Pa	赋香力	保留时间/h	挥发时间/h	单价/元
乙醇	78.3	46.1	59000	—	1.97	—	12
乙基戊基甲酮172.9	—	128	1100	—	—	—	—
乙醛	22.4	44.1	837000	—	1.96	—	24
乙酸	118.7	60.5	15200	—	2.01	—	15
乙酸丙酯	102	102	33600	—	2.17	—	—
乙酸卞酯	215	150	120	—	4.78	15	18
乙酸庚酯	191	150	400	—	4.32	—	—
乙酸甲酯	57.2	74.1	218000	—	2.02	—	—
乙酸乙酯	77.1	88.1	94600	—	2.06	—	16
乙酸异戊酯142	—	130	5600	1000	2.6	0.3	22
乙位侧柏酮201	—	—	435	—	—	—	—
乙酰乙酸乙酯180.4	—	130	670	200	2.82	1.5	24
异丙醇	82.4	60.1	44500	—	1.99	—	—
异丁酸丙酯133.9	—	130	7900	—	2.54	—	—
异丁酸甲酯92.6	—	102	50400	—	2.1	—	—
异丁酸戊酯169.8	—	158	1450	—	3.51	—	—
异丁酸乙酯109.9	—	116	22100	—	2.22	—	70
异丁酸异丙酯120	120.8	130	15900	—	—	—	—

续表

香料名称	沸点/℃(101.3kPa)	分子量	蒸汽压/Pa	赋香力	保留时间/h	挥发时间/h	单价/元
异丁酸异丁酯146.5	—	144	4700	—	2.84	—	—
异硫氰酸烯丙酯150.7	99.2	—	3550	—	—	—	—
异松油烯	185	136	1800	1000	3.93	0.8	—
异戊酸丙酯 155.9	—	144	2400	—	—	—	—
异戊酸戊酯 187	—	172	1400	—	4.4	—	—
异戊酸乙酯 134.3	—	130	8100	—	2.51	—	50
异戊酸异丁酯170	—	158	2200	—	3.28	—	—
月桂烯	171.5	136	1650	70	3.22	1	—
樟脑	204	152	202	150	4.71	2.5	60

注：1.香料名称，尽量采用简单易记又不易混淆的俗名或商品名。

2.分子量，严格说应叫做“式量”，即按分子式计算的式量或“摩尔量”。

3.保留时间：以气相色谱仪打出的保留时间，仅供参考。

4.价格只供参考。

5.赋香力：表示香气强度的另一种方法，芳樟醇定为100，其他与之相比仅供参考。

6.挥发时间，在闻香纸上的挥发时间，以小时计，超过999小时以999小时计。

第十章 名香趣闻

从1709年第一款古龙香水问世，至今已300年。如果追溯到更早，那是1370年的匈牙利水，就是600多年了。香水，这种被人们广泛喜爱的液体，有了许多好听的名字和爱称，甚至洋溢着许多的诗情画意，真的是沁人心脾，刻骨铭心。人们褒扬香水是“液体的钻石，无声的乐章，热情的花朵，流淌的霓裳”。可以说，人们对于香水的夸耀不惜溢美之词，词语中透着深切的喜爱和眷恋。

香水几乎是美好、时尚、新潮、高雅的代名词。它有丰厚的文化内涵和不断开拓的人文底蕴。它可以帮助人们提升气质，陶冶情操；还可以改善环境，美化生活，甚至提高城市的美誉度。

香文化是人类文明的先进文化。早在人类出现之前，那些鲜花香草和吐着各种芳香的树木枝叶就已经摇曳多姿地遍布在地球的每个角落。它给最早的人类提供带有各种味道的原始食物，含树叶馨香的蔽体之衣，治疗各种疾患的中草药。原始人还用焚香拜神来祈福消灾，这就是人类最早建立起的人类文明，人类最早的先进文化。

香文化发展至今，伴随人类文明的高度发达，有着更加美好灿烂的前景。随着社会经济的快速发展，人们对于物质文化生活水平的提高，有了更新更高的追求，而香化产业正给我们提供了广阔的天地。香水是香文化的领头雁、排头兵，在很大程度上引领时尚的新潮。

在法国国际香料香精化妆品高等学院，有一个香水陈列室，存放着从古至今的1400个香水样品，其中有300种目前在世界上其他地方已找不到，该陈列室建立的目的是保存好调香师的作品，这样即使调香师不在了，也可根据所保存的香水样品或配方使香水再现。1400个香水中有配方的就有500个。每年都有新的香水进入陈列室，它是香水调香师们的毕生追求。

香水是一种极具深刻文化内涵的艺术商品，因为像“香奈儿5号”香水这样，自1921年问世以来一直畅销不衰，八十多年始终如一，凡是知香水者莫不知其大名，莫不钟爱有加，若非杰出、经典的艺术品，岂能如此地受人喜爱且长盛不衰？

西班牙的香水大师萨瓦雷斯在他的著作《香水与个性》中写道：“没有个性的香水，肯定会随着时间的流逝而消亡。”实践证明了这一论断的正确性。有很多香水由于缺乏个性而被时代所淘汰，也被人们所遗忘。而个性鲜明、风格独特的香水，却常常被人们津津乐道，传为美谈，甚至流传着许多脍炙人口的故事。

一、梦露的“睡衣”

好莱坞著名影星玛丽莲•梦露在20世纪五六十年代蹿红世界影坛。她的一举一动都是媒体

❁ “香奈儿5号”香水

追逐的目标。梦露曾说她钟爱“香奈儿5号”（Chanel No.5）香水，甚至把“香奈儿5号”当做自己的“睡衣”。梦露的这一表白成为“香奈儿5号”香水最有力的广告，成为人们尤其是女士们追逐这款香水进而追赶时尚潮流的主要目标，使得“香奈儿5号”香水成为香水业界经久不衰的佼佼者，备受人们的追捧和青睐。性感明星梦露也成了“香奈儿5号”香水的形象代言人，人们一谈到“香奈儿5号”香水，往往就会联想到影星玛丽莲•梦露的性感形象。更有甚者，美国前总统约翰•肯尼迪和他的兄弟爱德华•肯尼迪之所以拜倒在梦露的石榴裙下，也是“香奈儿5号”香水惹的祸。

“香奈儿5号”香水问世90多年来长盛不衰，始终是全世界香水中最为畅销的名贵香水，至今的年销量仍在6亿美元以上。它在香水业界中的龙头霸主地位不可动摇。它所获得的奖项和荣耀不计其数。它是一件真真切切并可与经典绘画、经典音乐齐名的高雅艺术品。

“香奈儿5号”的香气十分独特，至今还没有一款香水能获如此广泛的认同。它设计了六个钻石切面的香味结构，十分特别。它的头香融入了非天然香的合成醛类香料的个性化新风格；主体香为玫瑰、茉莉，适合20~40岁的活泼成熟的女性，白天或夜晚都给人以靓丽自信的风貌；而它的尾香更是有着木香和动物香的留香余韵，香韵悠长。它是留香最好的香水之一。

“香奈儿5号”的知名度非常之高，说它是香水的“皇冠”是实至名归的。20世纪二三十年代，几乎每个女人都渴望拥有它，她们认为，“香奈儿5号”香水是成功女性必须拥有的物品，其次才是裘皮大衣。有这样一个有趣的故事，在香水业并不很发达的菲律宾，曾经有个渔夫走进香水店，伸出五个手指，店家就知道他要买“香奈儿5号”香水。

“香奈儿5号”是热情、活泼、浪漫和性感的象征。它很好地诠释了女人的婉约、时尚和美丽动人、引人注目，它的独特香韵令人回味无穷，过“鼻”不忘，很适合花季少女和热情奔放的女性。如果与我国花哨艳丽的旗袍相匹配，也定能相映生辉。

“香奈儿5号”香水是由欧内斯特•博瓦研制的，香水瓶是香奈儿亲自设计的。

“香奈儿5号”香水是在1921年5月5日诞生的。香奈儿选择这一天，是出于对她选取的幸运数字的祈盼。她从调香师欧内斯特•博瓦（Eanest Beaux）调制的五款香水中，选取了香奈儿授意加入了合成香料乙醛的杰作，并在5月5号隆重推出。这是香水史上最早使用合成香料的精品之一，它开启了一个崭新的香水发展新时代。因为仅仅依靠天然香料调制香水，原料来源日渐匮乏，而且价格昂贵，成本高企，严重阻碍了香水业的发展。人工合成香料参与香水调制之后，给香水业带来了光辉灿烂的春天，因为合成香料至今已有6000多种，远多于天然香料仅有的三四百种，而且成本低廉，取之不尽。但是在高档香水中，仍然要用到很多天然香料，它们的香气品质和留香效果依然是无可替代的。

- 香调：花香醛香型。
- 前调：香油树、橙花油、醛。
- 中调：茉莉、玫瑰、康乃馨、幽谷百合。
- 尾调：檀香、香根、麝香、香子兰、灵猫香、橡树苔。

二、“可可”的风采

“可可”香水

提起“香奈儿5号”香水，当然不能忘了她的主人加布莉埃•香奈儿（Gabrielle Chanel）。1883年8月19日，香奈儿诞生于法国南部小城桑睦尔。她的童年是在孤儿院里度过的，香奈儿在孤儿院里咀嚼着亲情的冷漠和成长的烦恼，艰辛地长到18岁。这时候的香奈儿已出落得秀美高挑，上帝赋予她天生的高贵气质。她十分珍爱她的曼妙身材，尽管只是个小小的店员，但她总是尽可能地展现自己的优势和特质。不仅如此，她还发现自己有一副美妙的歌喉，她决心利用每一点优势来改变自己的命运。于是她白天在一家针织店上班，晚上则到一个酒吧去唱歌。刚开始时，她只会唱两首歌，歌里面不断出现可可的声音(Qui Qu’a Vu Coco)。而可可是只小狗的名字，有些助兴的男客觉得香奈儿唱歌的样子特别可爱，因此就戏称她为Coco，香奈儿接受了这个昵称，后来Coco成了她的代

名词以及她所设计的商品的品牌。

1913年，香奈儿在巴黎开了一家帽子店，后来改做女装，将当时古板的服饰风格做了变革，成为先驱者。1935年，她的员工已超过2000名。

香奈儿最爱标新立异，一次她的男朋友卡伯送她一件高领大衣，追求完美的香奈儿觉得穿上这样一件大衣走在大街上有损形象，她在镜子前比画了两下，然后拿起剪刀，手起刀落，剪下来大衣高高的领子，然后披在身上，露出长长的脖颈走出门去。一路上香奈儿看到行人纷纷对她侧目，走到店里，顾客居然问她大衣是哪里买的，因为以前她们所穿所见的衣服都是从脖子一直裹到脚踝，从没露出过脖子，香奈儿将这件大衣称作是自己的“幸运大衣”而一直珍藏着。还有一次，她将卡伯的马裤往自己身上一套，觉得穿裤子的感觉特别好，行动自如，而那时淑女们是从来不穿裤子的。因为这次好玩的经历，香奈儿又有了一个奇特的想法，那就是“男裤女穿”，她按照男式马裤的样子设计出女式裤子，并勇敢地穿上这样的裤子上街。那个时候，香奈儿已经在巴黎有了一定的名气，她的穿着代表了时尚的潮流，所以裤装一上市，就受到众多女士的青睐。更让人意想不到的是，随着战事吃紧，男人们纷纷走向战场，女人们则走向工作场地，整个法国都兴起了一股脱下坠地华服，穿上简便衣裤的风潮。香奈儿的服饰跟这种风潮一拍即合，几乎在一夜之间红遍整个欧洲。

香奈儿一直情史不断，从画家毕加索、诗人瑞佛蒂，到政界名流与王公贵族，很多人与她有过亲密关系，直到1971年88岁的香奈儿还与老温莎公爵在一起亲昵。可是，成串的激情并没有湮没她的雄心，热烈过后，她仍然是那个忠实于事业、勤奋的香奈儿。她永远是成功男人面前可爱的Coco，因此，她才得以不断地吸取事业需要的营养，她的产品才能总是代表潮流的领头雁，才能在兴盛了整个20世纪后，还要影响更为久远的将来。如今的法国人，将香奈儿与戴高乐和毕加索一起，誉为20世纪法国的象征。

1971年，香奈儿走完了她丰富的一生。她一生未婚嫁，但爱的时候却一分钟也不留白。正像她说的：“你可以穿不起香奈儿，你也可以没有多少衣服供选择，但永远别忘记一件最重要的衣服，这件衣服叫自我。卡伯让我明白我可以照自己的方式生活，照自己的意思经营事业，照自己的欲求选择爱人，这是卡伯给予我的最好的礼物。”她还借用法国诗人瓦莱里的名言说过：“不用香水的女人不会有未来。”鼓励知识女性用香水塑造高雅品位。

1984年，在香奈儿辞世13年之后，香奈儿公司的一代调香名师雅克•波热（Jacques Polge）研制了一款新香水，并决定以“Coco”来为这一支新诞生的香水命名，重现香奈儿夫人的绝代风华，以纪念她为世界香水事业所作出的杰出贡献。“可可”(Coco)香水最能体现香奈儿一生的风格与气质。调香师怎么用香味来诠释这样一个精彩、丰富的女子，无疑是很大的挑战。雅克•波热在创造这款香水时，常常在香奈儿夫人巴黎的寓所里找寻灵感。他以西方的花材，融合东方特有的神秘而温暖的香料——琥珀，使“Coco”成为当代东方辛香调香水的新典范。波热用这种西方人眼里最具神秘感的东方调来演绎香奈儿女士的传奇一生，可谓独具匠心。这种兼容并蓄的风格，也呈现出香奈尔夫人融合古典优雅与巴洛克式豪华的矛盾性格，极具浪漫、感性，再带一点点世故与洗练的性感风情，适合成熟、优雅的摩登女士。“可可”（Coco）的香韵，恰似香奈儿一生的传奇色彩，它有混合多种感官刺激的香味，呈现极度神秘与世故的风貌，是专为洗练、圆融的成熟女人而诠释的香水作品，最适合经常出入社交场合的摩登女子和知书识礼的职业女性。

- 香调：东方花香调。
- 前调：橙花、白芷、含羞草、赤素馨。
- 中调：荔枝、茉莉、玫瑰、广藿香。
- 尾调：琥珀、香根草、香草、檀香、麝香。

三、特别的“风度”

“风度”香水

香奈儿公司的一代调香名师雅克•波热（Jacques Polge）在成功调制了“可可”之后，紧接着花了十年的时间，调制成功一款新型香水“风度”（Allure），也有翻译成“魅力”的。这在香水史上堪称伟大的作品，完全颠覆了传统的金字塔式的三段调香结构，巧妙地采用平行的多面性排列，没有主导的调性。为此，雅克•波热获得巨大的成功。1996年“风度”香水上市之后，获得香水业界的最高奖——菲菲大奖。

这里特别要提出的是“风度”香水曾与“香奈儿5号”一同入选1999年度世界十大香水之列，至今还是欧美最流行的香水之一。它的研制者雅克•波热（Jacques Polge）花了十年的心血反复琢磨调制出的这款香水，有几种不同的都市女性韵味：柑橘代表活泼奔放的青春少女；馥郁的茉莉花香则是“夏”的标志，演绎全然的女人味；利用现代科技精心计算出来的花香“方程式”则表达出艺术家气质的情感女郎的魅力；海地木兰代表大都会女性的自信、自强的独立人格；非洲香子兰则是性感、诱惑的化身。

它的类型为抽象的花香型。

调性为：从柑橘中来的新鲜味，从柑橘中得来的水果味，从茉莉中得来的花香味，从木兰、金银花和睡莲的搅和中得来的幻影花香，从香根中得来的木香味，从香子兰得来的东方香型。

这款香水完全诠释了都市女性的高雅气质和文静清纯的精神风貌，因而深得女士们的青睐。而它的独树一帜的多面性排列调性也深为人们好奇，是都市中知识和智慧女性的至爱。

四、最后的礼物

这是香奈儿夫人生前最后一支亲自推荐的女性香水。与“No.5”和“Coco”一样，这也是一瓶充满香奈儿夫人影子的香水。1970年8月19日，这款香水推出的时候，正好是香奈儿夫人的生日，此时香奈儿夫人已经87岁高龄。这款香水也总结了香奈儿夫人一生对香水的挚爱。

“No.19”香水

“No.19”香水是在1970年由调香师亨利•罗伯调制的。关于这一支香水，香奈儿化妆品公司后来赋予它一个有趣的故事——公主与丑角。

很久以前，在一个遥远的国度，有一对深受爱戴的国王与王后，他们仅有一个失明的女儿。等女儿到了适婚年龄，王后为了女儿的婚事拜访了一位具有巫术的隐士。巫师张开黯淡的眼睛说：“你可以放心，因为你的女儿懂得真爱，虽然它将出自与众不同的方式。”国王和王后带着疑惑回到宫里，开始接见公主的求婚者。合格的王子从邻国前来，穿着华丽的服饰，用宝石和赞美追求公主，但是她看不见他们发光的黄金，

也看不到他们华丽的服饰，对于他们中的任何一位都没有感觉。

到了第19位追求者，出现了一个小丑。小丑拿着一个瓶子，虽然忐忑不安，但仍坚定地走到公主面前。他小心翼翼地打开这个瓶子，将它贴近公主脸颊。公主仿佛看到小丑虔诚的主动，立刻感觉到一股喜悦的悸动而端坐起来，这神奇的魔力使她脸上洋溢出灿烂的笑容。在场的追求者忍不住赞叹。年轻的公主站起来，慎重而庄严地宣称她想要和这第19位追求者结婚，因为他是唯一知道如何和她的灵魂交谈的人。这时他的父母明白了隐士的预言，他们的女儿并非倾心于外表的俊俏。外表可能骗人，但是在香味中形成的爱意，打开了一个无限宽广的世界，使两人拥有同样的想象空间。当公主发现爱的真意时，婚礼就是充满欢乐的盛宴。婚礼上，“No.19”香水被介绍给每一位宾客。后来No.19的花卉由各国纷纷呈现上来，公主和她的夫婿将它们编成一组特殊的字母，发明了一种新的语言。这种语言流传至今，成为人们表达爱意的沟通工具。

清新的绿色冷香，属于苔藓调香味。专为都市生活中年轻、独立、自主、思想前卫、充满自信的女子所设计。这是一股清楚而明朗的香味，特别适用于都市中年轻的白领女士 。

- 香调：清新花香调。
- 前调：橙花、白松香。
- 中调：五月玫瑰、鸢尾花、水仙花、橙花油、皮革香。
- 尾调：西洋杉、橡树苔。

五、神奇的“鸦片”

提起“鸦片”这个词，人们肯定会想到毒品，怎么也不会与香水这么高雅的物品联系在一起，可事实却大大出乎人们的意料，真是一个出奇制胜的典范。

“鸦片”（Opium）香水是伊夫•圣•罗兰推出的一款极富东方风韵的顶级香水。他是在20世纪70年代中期访问远东之时，见到了鼻烟壶而突发灵感，推出这款香水的。“鸦片”弥漫着东方古国神秘而凝重的气氛，但当时美国的投资方不能接受“鸦片”这一名称。而圣•洛朗却坚持己见，决心在欧洲开发市场，并一举获得巨大成功。一年后美国投资商“幡然悔悟”，也将“鸦片”香水引进美国上市，很快打开了美国市场，并一直非常走俏，成为圣•洛朗公司在美国有史以来最畅销的香水。

“鸦片”是一种全新的男用香水，它将男士与香水紧紧地连在一起。这个男人充满时代感，个性极强，有能力追求他的志向，并最终实现它。他在展示男性阳刚之美的同时，又充

“鸦片”香水

满了东方的神秘感。他是一个果断而不随波逐流的男人，一个令女人为之倾倒的男人。“鸦片”独特而浓郁的香气，增添了男性的魅力，尤其是头香中有一丝烟香气，彰显男人的阳刚之气。主体香辛辣炽烈的林木香气和别有韵味的清新香草，尾调动物香、檀香韵味悠长，留香十分出众。如果用试香纸蘸上鸦片香水，可留香一个月以上。整支香水充满了感性的诱惑和东方的神秘，流露出一阵阵的心神跳动和忘我的激情，是男士香水中不可多得的精品，也深得女士们的青睐，随后即有“鸦片”女香问世。也可以说“鸦片”是中性香水，集男人的精明干练、成熟洒脱和女人的性感清香于一身。

“鸦片”（Opium）是世界十大香水之一，也是多年来最畅销的香水之一。

曾经有这样一个典故，澳洲昆士兰有一位种花生的庄园主力主在他的庄园里禁用“鸦片”香水，因为他认为这款香水能像鸦片一样使人们上瘾，可见“鸦片”确实有它的魔力，一闻之下就有很深刻的印象。在此之前，东方调尚不时髦，“鸦片”改变了这个局面，东方调迅速蹿红香水业界。

“鸦片”香气充满着神秘与高贵的气质，一嗅难忘。它也给你超人的优雅、自信，甚至赋予你冒险精神。

- 香调：半东方香调。
- 前调：橘、李子、丁香、胡椒、芫荽。
- 中调：幽谷百合、玫瑰、茉莉。
- 尾调：岩蔷薇、安息香、没药、海狸香、杉、檀香。

六、风靡的"毒药"

"毒药"香水

1985年，在"鸦片"上市八年之后，迪奥公司推出的一款新香水取名"毒药"（Poison），再次引发了市场的轰动效应。

20世纪80年代，克里斯蒂•迪奥（Christian Dior）以妖艳、诱惑香水见证时代进展的任务从未终止。大胆的"毒药"（Poison）出现，成为克里斯蒂•迪奥香水系列的一个经典。从香气、樽形到整体形象，"毒药"都代表了80年代性感妖艳、神秘诱惑的女性，夜来香加果香的浓郁主调，苹果形樽身设计，其划时代形象可谓不言而喻。虽然每款香水平均需要超过三年的时间来研制，但克里斯蒂•迪奥的香水系列依然能经典辈出。

这款香水的取名就引起轰动，是继1977年推出"鸦片"香水之后又一次广受瞩目的高档香水，赢得人们的广泛喜爱。她性感、妩媚、多姿、妖娆，主要由花香、果香、晚香玉、栀子花香和粉香组成。它的一股强烈、刺激而又丰满的花香，有一种神秘感和诱惑力，很富有挑逗性，比较适合那些喜欢张扬个性，能引人注意的年轻女性。它的出人意料的名称更是引起人们非常的好奇。

由于市场反应出乎意料的好，迪奥公司随后还推出了"温柔毒药"(Tendre Poison)和"催眠毒药"(Hypnotic Poison)两款香水。"温柔毒药" (Tendre Poison) 又称"绿毒"香水，于1994年推出，是"毒药"(Poison)的第二代产品，清新凉爽的绿色，让人既可感到大自然的生机与活力，又能传达用香人温柔体贴、明朗爽快性情，能让你在炎热心烦的夏季散发出独特的魅力。其香氛主要有橙橘、苍兰、蜂蜜、松香、檀香等，组成一个属于女性的梦幻、童话般的美妙世界。它体现了现代女性大胆、自然和前卫意识。1998年的"催眠毒药"(Hypnotic

Poison)又称“红毒”香水，已经是第三代的“毒药”了，主调是茉莉的芬芳，给人神秘、奢华、野性而女性化的感觉，散发着浓浓的女人味。近期又有“毒药”的第四代“白毒”推出，但它的影响力已大不如前。

“毒药”(Poison)由克里司汀•迪奥公司于1985年推出后，其别出心裁的命名和香调，加之瓶装设计的紫罗兰颜色，赋予了本款香水一种神秘感，属于香水中的经典品牌。此后又陆续推出四款“毒药”香水都采用一种瓶形，只是颜色的不同而分别俗称为“紫毒”、“白毒”“蓝毒”等五款香水，它们分别是1985年的“紫毒”、1994年的“绿毒”、1998年的“红毒”、2004年的“白毒”和2009年的“蓝毒”。花果辛香调的 “毒药”，香味特别持久而浓郁，给人神秘、性感诱人的感觉，成分：胡荽、胡椒、肉桂、菊花蜜、野莓、蔷薇、香脂。

- 香调：清香花果香调。
- 前调：芫荽、胡椒、茴芹、橙香。
- 中调：玫瑰、茉莉、晚香玉、栀子花。
- 尾调：麝香、檀香、琥珀、香子兰。

七、迷人的“花香”

在推出“毒药”香水之后15年，人们对这种意念相悖的香水仍然情有独钟。2000年高田贤三（Kenzo）再一次以罂粟花为主题，推出最新香水“高田贤三之花” （Flower by Kenzo）女士香水。独特的包装于透亮的瓶中映出嫣红的罂粟花，而设计灵感则来自现代建筑艺术，并加上了琉璃这种高雅物料的优点，从而幻化成Kenzo独有的瓶身。香气蕴含肉桂树、树脂、白麝香、野生山楂和彩戈素等成分，花香味浓。

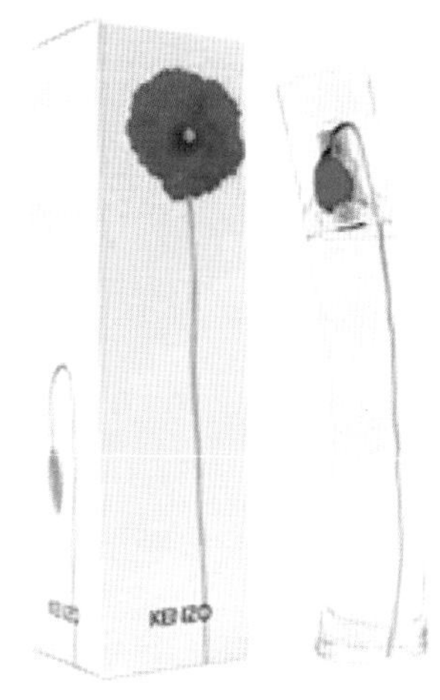

“高田贤三之花”香水

“高田贤三之花”以最特殊的瓶身设计，诉说花儿既纤细又坚强、既简单又优雅的形象。细细体味“高田贤三之花”的崭

新气息：极其迷人的外形，仿佛一只细长的透明花瓶。香气淡雅清新，散发的不像是香味，而是女人特有的一种味道，一种气息：既有水之恋清雅的一面，又增添了一丝女人婉约的温柔。若即若离、若有若无就是本款香水的时尚本色。

高田贤三于20世纪70年代从日本到巴黎创业，1988年开始销售香水，最先推出的是“高田贤三”(Kenzo)香水，其后1992年是“夏水”(Parfum Dete)，1994年是“樱花颂”(Kashaya)，1996年是“高田贤三之水”(Leau par Kenzo)，1998年又推出了“丛林”（Kenzo Jungle）。其中最有影响的是“高田贤三之水”，又称“蓝月亮”(Blue Moon)，是一款古龙形的大众香水，是目前市场上最畅销的香水之一。

高田贤三被认为是东西方文化交融的亲历者，他的香水也渗透着东西方的文化情愫，形成了一种奇妙的平衡。

“Kenzo之花”由于有罂粟花理念，瓶身及外包装有极其醒目的罂粟花，再加上那清新的花香甜美的风格，很快就刮起了一股席卷全球的“高田贤三之花”风，直到2005年初都是市场上最畅销的香水，获得众多女士的广泛喜爱。

- 香调：清新花香调。
- 前调：花香的能量，鲜明、活泼、色彩缤纷的花束，奏出巴马紫罗兰、野生山楂、肉桂树与保加利亚玫瑰柔和又丰富的曲调。
- 中调：散发木质花香的感性，如调色盘般丰富甜美，情感洋溢，衬托出留尼汪岛香草、白麝香及树脂的清新暖意。
- 尾调：花香的活力，肯定、大胆、洋溢着都市的活力，混合着希蒂莺的醉人香气，与彩戈素散发清新的热情活力。

以上的“鸦片”、“毒药”和“罂粟花”等三款香水，均用出其不意的毒品命名这么高雅、美好的香水，让人觉得不可思议。然而，事实又十分准确地告诉我们：这种不按常规出牌，出人意料的一招，正是商场上绝妙的高招，取得了巨大的成功。

八、“一生”的“追求”

日本籍的设计大师三宅一生（Issey Miyake）在服装的设计上常因简单而出乎众人意料。在简单的作品里蕴藏无限的禅意，是三宅一生的拿手好戏。他“一块布制成一件衣服”的理念给西方世界带来的震撼，就是最好的证明。

❁ “一生之水”香水

1970年三宅一生在巴黎成立设计工作室，三年后首次展示自己设计的时装。1991年，法兰克福有一台40个角色的芭蕾舞剧上演，邀请三宅一生全权负责设计服饰，结果他拿出了400套样衣。当然他取得了巨大的成功，从此声名大振。

1993年，三宅一生推出了第一款女士纯香水，这就是鼎鼎有名的“一生之水”(L’eau D’issey)，一款像泉水一般清澈的香水。

“一生之水”是三宅一生（Issey Miyake）第一支全系列的香水，在创造他的第一瓶香水时，因为简单而令人惊叹不已。以简单的元素表现惊人的创意，是他一贯的创作风格。对这一瓶香水，他希望追求一种基本的精神要素，要“清澈得像泉水一样”，因此，他决定取名“一生之水”，代表纯净、幸福，如同在阳光照耀下的温暖感觉，是一瓶生命之水。虽然三宅一生的服装充满了禅意，与人们产生一定的距离，不过“一生之水”清雅迷蒙的甜香，却很容易打入大众的心里。在它刚推出的时候，连男性都非常喜欢它空灵的感觉。“一生之水”是一支以实力取胜的香水，它的高销售量并非因为它来自名家大师之手，而是因为它的香味可以为你带来想象空间。三宅一生的作品常会在无形中教导人们学会放弃“习惯”。他喜欢提醒我们，身边自然的一切其实有多么不平凡，正如“一生之水”的外形，修长上升的线条看来似乎是垂直，实际上则略呈锥状，不论是握取或欣赏，都一样令人舒适。

有这样一个故事：一个男人追求一个出色的女人不得要领，于是先退而做了朋友，以求能近芳泽。每年女人生日时，男人都会送上一瓶“一生之水”。送到第3瓶时，女人答应了男人的求婚，并回答：“没有人能够一再拒绝‘一生之水’这个名字。”这就是它的魅力。

还有值得一提的是，水虽给许多人源源不绝的灵感，但却以三宅一生对水的阐释最明确和自然，他在1993年推出不含酒精的“一生之水”香水时说：“此款香水的芳香倾诉着我对水的钟爱。”于是，这只瓶身设计同样简约的淡香水就像生命的源泉，犹如空气般清新的芬芳就从那尖尖的泉口汩汩溢出，缓缓飘飞，细水长流般缱绻着由水做的女体。“一生之水”是要唤醒女人对水的记忆：潮湿的土壤、滴水的树皮、雨后的花瓣、森林里的雾霭，沿袭了三宅一生一贯的创作风格——以最为简单的元素表现惊人的创意。

“一生之水”还以其独特的瓶身设计而闻名，三棱柱的简约造型，简单却充满力度，玻璃瓶配以磨砂银盖，顶端一粒银色的圆珠如珍珠般迸射出润泽的光环，高贵而永恒。这项设计一推出，就使人的眼睛一亮，当年即在香水界菲菲大奖的盛会上，夺得女用香水最佳包装奖，还分别在纽约、巴黎等地获得各项大奖。这款如泉水般清澈的香水是三宅一生创造力和独特风格的忠实反映。三棱柱的简约造型不仅折射出阳光穿过水的光影魅力，还折射出大师对美、自由及生存的观点与真我的风采。

- 香调：清新花香调。
- 前调：睡莲、玫瑰、鸢尾、荷花、仙客来。
- 中调：芍药、牡丹、百合、康乃馨。
- 尾调：水果花、月下香、木樨兰、麝香。

1998年，三宅一生还推出了另一款花香辛香木香型的淡香水“一生之火”（Le Feu D’issey）。“一生之火”香氛源于三宅一生理想中的爱恋，这也是一款与众不同的香水杰作。

九、香水的性别

“CK one”香水

香水是时尚文化的产物。埃及社会学家指出：“没有了香水的存在，时尚就像没有上发条的钟，将永远停滞不前。”

大多数香水都有性别之分，而多数又更为女性所宠爱。

在流行过很多年的男性或女性香水之后，到了20世纪90年代，突然兴起了一股无性别的香水热。它们的代表作就是美国卡尔文•克莱因（Calvin Klein）的“CK one”和“CK be”。

“CK one”是由CK公司1994年推出的。它的瓶身设计再简单不过了，如同牙买加朗姆酒瓶，用白色透明的磨砂玻璃瓶，外包装则是用再生纸做成的普通纸盒。“CK one”是一款无性别香水，在仿如牙买加朗姆酒瓶的“CK one”之中，我们不分种族、性别、年龄，共同分享这同一个世界。打破性别樊

篱，以90年代两性亲密共享、摆脱社会礼教的束缚及简单的玻璃可回收包装为市场诉求，颠覆传统香水的华丽形象而热卖，曾入选1999年世界十大名香水。

这款男女共享香水， 刚问世不久就创造了5800万美元的销售纪录，在全美乃至世界香水界掀起一阵旋风。代表着个性、统一的90年代新理念的“CK one”更是吸引了那些从不用香水的年轻人。它是一款让人感到亲切的香水，只需要靠近它，全身上下洒满它，你就会像一杯绿茶一般清新怡人。

清新明快的“CK one”头香由豆蔻、香柠檬、新鲜菠萝、番木瓜构成；继而你会觉得一股特定的香味从茉莉、紫罗兰、玫瑰、肉豆蔻中飘来；尾香余韵则由两种混合着琥珀的新型麝香组成，使人感到温暖与热情，成熟而丰富。

- 香调：柑苔果香调。
- 前调：佛手柑、豆蔻、新鲜菠萝、木瓜、柠檬。
- 中调：茉莉花、铃兰、玫瑰、肉豆蔻、百合、鸢尾草。
- 尾调：麝香、琥珀、檀香、雪松、橡木苔。

1996年CK公司趁这股香风旋又推出“CK be”，与“CK one”有异曲同工之妙，是CK（Calvin Klein）推出的一种最成功的不分年龄、性别的中性香水。它体现了现代的平等、自由、开放精神。瓶体为少有的全黑色调，干脆利落、庄重自信，更适合都市中坚韧、自信的男女使用。

- 香调：柑苔果香调。
- 前调：香柠檬、中国柑橘、薄荷、薰衣草、刺柏浆果。
- 中调：淡香料、木兰、桃花。
- 尾调：檀香、愈伤草。

谈及香水的时尚效应，每个年代都有每个年代的诠释，究竟是谁优谁劣，恐怕谁也不敢妄加评论，因为香水就是时尚文化生活的浓缩。

何为时尚文化？就是这个时代人们所愿意和追求的文化生活方式。何为时尚香水？就是这个时代人们愿意用来表达和诠释所追求的时尚文化的香水。20世纪二三十年代自由独立的时尚生活孕育了名香“香奈儿5号”；50年代，精丽、优雅的生活品位诞生了纪梵希“禁锢”；60年代反叛的时代，美国的香水迅猛崛起，纽约几乎与巴黎并驾齐驱；70年代回归自然的思潮，激发了雅诗•兰黛“白钻”（White Linen）的出现；80年代浪漫主义兴起带动了香

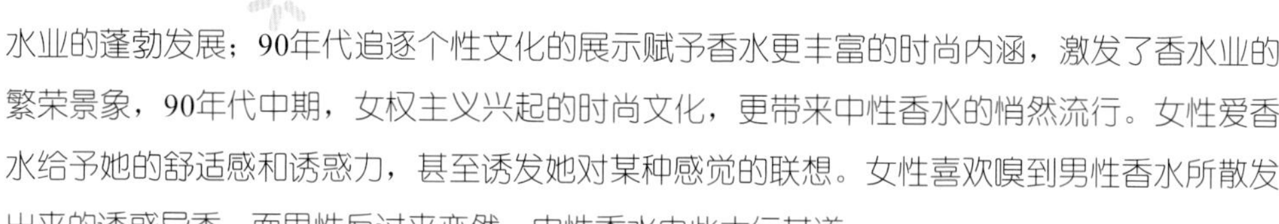

水业的蓬勃发展；90年代追逐个性文化的展示赋予香水更丰富的时尚内涵，激发了香水业的繁荣景象，90年代中期，女权主义兴起的时尚文化，更带来中性香水的悄然流行。女性爱香水给予她的舒适感和诱惑力，甚至诱发她对某种感觉的联想。女性喜欢嗅到男性香水所散发出来的诱惑异香，而男性反过来亦然，中性香水由此大行其道。

男女共用香水便成为20世纪90年代时尚男女的共同爱好，淡淡的“CK one”“CK be”“Polo”香水的气味便弥漫在时尚生活的每个角落里。它们是时尚文化和时尚香水的新宠儿。因此，脱离时尚文化生活的香水缺乏激情，脱离时尚文化的香水缺乏时代烙印，脱离时尚文化的香水只能在历史中湮灭。

十、海味的“沙丘”

“沙丘”香水

迪奥公司(Christian Dior)在推出三款“毒药”香水时名声大振，而同时在1991年推出的“沙丘”也着实火了一把。它立意于阳光和煦、空气清新、内涵丰富的金色海滩。其香调主要由幽谷百合、牡丹、紫罗兰、金雀衣、龙涎香、青苔、琥珀、麝香等组成。而其海滩气息主要来自龙涎香、地衣、金雀花，属于花香-海滩气息香，香味自然率真。其清新自然、浪漫迷人的芳香颇受年轻时髦女性喜爱，它能赋予用香人超乎想象的魅力。

“沙丘”（Dune）香水是首次引入海洋香型这一理念的清新香水。使用这一香型，让你仿佛置身于海风习习的沙滩，那带有些许咸涩的海腥味，和着碧波荡漾的海浪，犹如处在海市蜃楼的仙境之中，令人十分地惬意、舒心。

它是最著名的海洋味香水，1993年获得最佳女用香水的菲菲大奖。由于它充满了阳光、沙滩、海风、清新空气和蓝色海洋气息，成为一种时尚而广受青睐，更成了迪奥香水中最畅销的一款。它也是一款博爱的香水，迪奥公司捐赠给大自然基金会35万美元以宣传“保护沙丘”的活动，以刻意打造这款海洋风味的香水。

这款香水借助于海洋香味而一举成名，在那个年代，给人们带来一股清新、活泼和回

归大自然的新雅风韵，十多年来一直都受到时尚女性的喜爱，适合意志坚强而性格文雅的女性，尤其适合年轻的时髦女性。后来，男用的“沙丘”也相继问世，同样受到众多男士的青睐，形成了比翼双飞的“情侣装”。

- 调性：海洋花香调。
- 前调：佛手柑、橘、金雀花、桂竹香。
- 中调：玫瑰、茉莉、幽谷百合、芍药。
- 尾调：琥珀、麝香、檀香、香子兰。

十一、纽约的“大道”

“第五大道”香水

“第五大道”（5th Avenue）1996年问世。

法国是世界香水之国，谈到香水之事，人们言必称法国，这是不奇怪的。然而到了20世纪60年代，情况有了变化，这就是美国香水的迅猛崛起。纽约已经成为能与巴黎相提并论的“浪漫之都”，采妮（露华浓）、伊丽莎白•雅顿等公司逐渐成为香水业界的领导基地，有力地推动着美国乃至北美地区香水业的发展和繁荣。这里最令人瞩目的是伊丽莎白•雅顿和她的名门望族。雅顿于1910年就在纽约第五大道建立了自己的美容院，到1932年已在全球建立了29家分店。

“第五大道”是伊丽莎白•雅顿推出的一款至尊至贵的时尚香水。它表达女性自信、现代以及智慧优雅的一面，同时又体现女性时尚且追求个人风格。它特有的瓶型象征曼哈顿高楼，很有点高雅、凌云的气质，先入为主地给人不同凡响的感觉，成为美国香水标志性的品种。

第五大道是排名世界第一的商业街，2006年最繁华地段每平方米的年租金高达14516美元。这里也有世界上最富的一群人，买下最贵的房产，使用最贵的奢侈品。这里的商业中心、文化中心、居住中心、购物中心、旅游中心是“最高品质和品位”的代名词，是“高贵”与“豪华”的化身。这里最大的魅力还在于它几乎拥有全球顶级名牌店。像人们所熟知的路易威登（LV）、迪奥（Dior）、古弛（Gucci）、香奈儿（Chanel）、范思哲（Versace）等都在这条街开设了旗舰店。而商业巨子、产业大亨和权贵豪门在这里也比比皆是。如大名鼎鼎的洛克菲勒、美国前总统肯尼迪的遗孀杰奎琳、第五大道647号神秘豪宅的主人意大利时装大师范思哲。647号豪宅的最早东家是美国铁路大王乔治•范德比尔特，随后易主给希腊船王奥纳西斯。与这些名商巨贾汇聚在第五大道的人们自然就有了不同凡响的高起点。

众香之巢伊丽莎白•雅顿的“第五大道”，集精致、经典、时尚、优雅于一身，丁香、兰花的幽香贯穿前中后调，瓶身采用帝国大厦的样式，显得高挑、明快而冷傲，既彰显了她从纽约第五大道开始的事业，又充分体现了她尽善尽美的理想和不屈不挠的精神，一看那高雅的香水瓶和伊丽莎白的名气，令人顿生仰慕和渴求之心。

高档香水中不乏高贵典雅的品种。这类香水一般不像普通的花香、果香之类，而是有一种特有的香味和气质，让人感觉不事张扬，却印象深刻，回味无穷。伊丽莎白•雅顿公司1996年推出的“第五大道”（5th Avenue）就是一款气质高雅的名牌香水，散发着智慧优雅大都市女士的气息。

它是由美国IFF香水公司安•高特列伯研制的半东方花香型香水。

- 香调：半东方花香调。
- 前调：紫丁香、椴木、木兰、铃兰、橘、佛手柑。
- 中调：玫瑰、紫罗兰、香叶油、晚香玉、桃、丁香、肉豆蔻。
- 尾调：檀香、麝香、香子兰、琥珀、丁香。

十二、畅销的“绿茶”

雅顿“绿茶”（Green Tea）是2002年最新推出的一款清新淡雅的香水。这款香水竟然出自美国人之手，实在令国人汗颜。中国是世界闻名的茶香古道，有着十分广阔的市场，而这款“绿茶”很好地诠释了茶的真谛，因而受到人们的广泛喜爱。在食品、饮料、香波、化妆品、香水等领域几乎都抢着采用“绿茶”香型。

“绿茶”香氛灵感来源于古老的茶道传统，它混合了葛缕子、柠檬、柑橘、佛手柑、薄

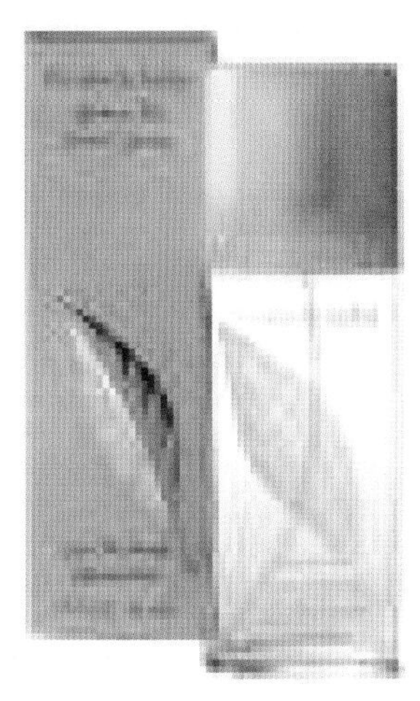

🌸 “绿茶”香水

荷、芹菜、橡树藓、麝香、琥珀等多种成分，创造出天人合一的氛围。清新的气味能舒缓紧张的情绪，给人们清新的感觉。它含有独特的成分——绿茶，主要成分还有茉莉、玫瑰、水果香等等，香味清新雅淡而脱俗，有着非人间俗尘的淡泊之味。它是近年来市场上最畅销的香水之一。它的包装有清澈透明和淡淡的绿色，给人以清纯文静、不事张扬的朴素之感，受到寻常百姓的普遍欢迎。

- 香调：清新花香调。
- 前调：佛手柑、葛缕子、柠檬、大黄、橙皮。
- 中调：绿茶、薄荷、茉莉、康乃馨、茴香。
- 尾调：麝香、桦树苔、白琥珀。

十三、香水也“嫉妒”

🌸 “嫉妒”香水

古驰（Gucci）公司是1904年在意大利佛罗伦萨创立的，它的前身是一家皮革工厂。从20世纪70年代开始，先后推出古驰系列优质香水，如“古驰香露”“古驰1号”“古驰3号”“古驰艺术”等。

“嫉妒”（Envy）香水于1997年推出。其名字的由来是：若让别人嫉妒，就该拥有“嫉妒”。

“嫉妒”香水让你抑制对古驰品牌的恋物饥渴，其妙方是让“嫉妒”香水集设计欲望、时尚、性感于一身。互相纠缠的光亮的身体，鲜艳欲滴的指甲，纷乱柔软的发丝，半启的红唇，画面香艳之极，香水的名字却叫做“嫉妒”。嫉妒的是谁，是另一个等待着的熏香女人吗？男人一夜厮磨后回家，怀里的余温未减，脸上兀自挂着恍惚的笑意——惯于偷香的男人当然在回家之前冲过凉，确认衣领上并没有鲜红的唇

印，肩膀上也没有细细的发丝，然而他没有料到她留在自己身上的香水味并未消除……

“嫉妒”，是那个伤情女子的名字……

古驰这款柔中见刚、刚中有柔的香水系列，大胆地诠释着性感这一主题。“嫉妒”女香是一种流动的花香组合，充满着煽情的麝香、迷情的鸢尾和紫罗兰；“嫉妒”男香则释放出悠远的广藿香、恒久的琥珀香及高雅的麝香气息，两者可以说是刚柔并济，阴阳调和，相得益彰。

“嫉妒”香水清新透明，头香味道独特而引人入胜，主体香展现出纯净与高雅，基调由木香与动物香、鸢尾花等组成，真切地表达舒缓而沉静的感觉，留香悠长，韵味无穷，曾入选1999年世界十大香水，是古驰香水中的代表作，深得女士们的喜爱。

- 香调：花香调。
- 前调：香草、风信子、铃兰。
- 中调：铃兰、茉莉、紫罗兰。
- 尾调：鸢尾花、麝香、木香。

十四、清纯的“爱恋”

“爱恋”香水

纪梵希（Hubert de Givenchy）香水企业是1957年建立的，同年就推出两款非常优秀的香水，一款是拉•德（Le de），另一款就是代表20世纪50年代特色的“禁锢”（L’Interdit），它在香水史上留下了历史的印记。但是最具影响力的香水，还是在90年代推出的三款：“爱恋”（Amarige）、“透纱”（Organza）和“奢华”（Extravagance）。

“爱恋”（Amarige）是1991年推出的，是为非常女人味的优雅女士提供的“白色花香”香水。它的头香给你送来一股清纯的花香，清丽脱俗，沁人心脾。它的主香也是这样的雅香清韵，不浓不腻，清爽自然，令你有个好心情。

“爱恋”香水已上市18年，始终如一地受到众多女士的青睐。在2004年的一份市场调查中，“爱

恋”列在最畅销香水的第五位。这可是个很不错的表现，因为已经上市十多年，真是难得。

人们总爱用“集女人的万千宠爱于一身”对“爱恋”和纪梵希香水极尽溢美之词，可见其人脉非常好，非常有市场，十数年如一日的畅销不是偶然的。

- 香调：花香木香调。
- 前调：橘子、紫罗兰、紫檀、橙花油。
- 中调：栀子花、含羞草、金合欢、香叶油。
- 尾调：龙涎香、麝香、香子兰、檀香、零陵香豆。

十五、昂贵的“欢乐”

“欢乐”香水

1930年，让•柏图（Jean Patou）为了给遍及全球的顾客制作一份珍贵礼物，他重金聘请当时很有名望的香水大师亨利•阿麦勒斯（Henri Almeras）来调配。让•柏图要求香味浓烈而单纯，可以不考虑成本，结果每盎司香水用了一万朵茉莉和28打玫瑰。

“欢乐”（Joy）带给女人的除了欢欣和愉悦，还有高贵和典雅。“欢乐”每盎司的价格高达230美元，是当时世界上最昂贵的香水。这个纪录一直保持了56年，直到1987年才被毕坚（Bijan）的一款女用香水(Bijan Perfume for Women)打破。“毕坚”是一款东方花香调的香水，由彼得•伯姆（Peter Bohm）调制，用了高品质的环形香水瓶，是当时市场上香味最浓郁且价格最昂贵的香水，每盎司高达300美元，至今仍是世界上最昂贵的香水，“欢乐”只得退居次席。

让•柏图是法国巴黎的一位伟大的时装变革家，他喜欢标新立异，追求创新。他在第一次世界大战时曾经当过兵，挖过战壕，1910年去巴黎创业，后来又到美国发展。他是20世纪20~30年代公认的风云人物，宛如一颗灿烂的星辰倏然滑过时装界的夜空，引起不同凡响的轰动。

早前“欢乐”香水为花香型香调。

- 前调：玫瑰、晚香玉、香叶油。
- 中调：玫瑰、茉莉。
- 尾调：檀香、麝香、灵猫香。

“欢乐”推出几十年来，一直深受人们喜爱。人们不仅把它当做香水，还将它作为思想和感情的反映。“欢乐”成为香水业界的一把基准尺，衡量着众多的香水。

更让人惊喜的是，“欢乐”香水自2002年起已四度成为奥斯卡颁奖典礼奉送的礼物包中独家入“包”的香水。2004年，“欢乐”女香的姊妹版本“新欢乐”（Enjoy）更出现量身订制之作，为奥斯卡最佳女主角、女配角提名的女星们打造独一无二的水晶瓶身，瓶身刻上被提名人的名字。这款香水的香调将水果花香与木质香充分结合，散发着趣味及诱惑的魔力。

“新欢乐”香水为果香花香调。

- 前调：黑醋栗、绿色香蕉、梨子、香柠檬、橙子和橘子香。
- 中调：保加利亚玫瑰、土耳其玫瑰、印度茉莉和二氢茉莉酮酸甲酯。
- 尾调：广藿香、琥珀、香荚兰和麝香。

十六、风靡的“奇迹”

2001年，兰蔻推出新款“奇迹”（Miracle）女士香水。清新、甜美带有个性的基调，创作出代表曙光与希望的粉红色香水，献给智慧、美丽及知性兼备的新女性。

在2004年最畅销的香水中，“奇迹”排行第四。笔者2004年曾两度去中国香港，并在香港最繁华的中环街道流连多时，享受最多的香水味就是“奇迹”；近年来，我们送出的1000多支各类香水样品中，最受欢迎香水中还有“奇迹”。

这款香水，香气的灵感来自旭日东升，赶走了黑夜，迎来了朝霞，使人们充满活力和希望，始终如一地助你去迎接挑战，给人一种热情洋溢、开朗自信的感觉，也有一种英气逼人的气质。

“奇迹”的前调由草香、甜蜜的荔枝汁及鸢尾草混合而成；中调则是木兰含蓄的芬芳，

"奇迹"香水

对比生姜及辣椒的香料气味；后调是茉莉、麝香及琥珀等香气。粉红色的液体被纤长剔透的瓶子盛着，透出淡红如晨光的迷幻现象。

- 香调：清新花果香调。
- 前调：草香、荔枝汁、鸢尾草。
- 中调：木兰、生姜、辣椒。
- 尾调：茉莉、麝香、琥珀。

十七、"璀璨"的珍宝

"璀璨"(Tresor，法语为"千金财富"之意，1990年问世)是世界上最受欢迎的香氛之一，是兰蔻公司的顶级香水，也一直是最畅销的香水之一。它有好几个译名，有叫"璀璨"的，也有叫"珍宝"的、还有叫"驿动"的。"璀璨"曾经入选1999年世界十大名香水。

"璀璨"香水

调制者说，这是一款以"拥抱我"为主题的，有历史和记忆的香水；漂亮的香水瓶很像一樽倒置的水晶金字塔，增添了它的魅力。它蕴含着玫瑰、铃兰花、紫丁香的淡雅芬芳，点缀以杏花、鸢尾花等的浓郁香液。气味细腻、馥郁芬芳，足以激发您心间含苞待放的激情。"璀璨"（Tresor）是一款生气蓬勃的香水，独特的香调组合，让它在香水世界中名垂青史。

"璀璨"是调香名师索菲亚•克罗斯曼的杰作。它的香调是花香半东方调。

- 前调：玫瑰、丁香、幽谷百合。
- 中调：鸢尾、天芥菜。
- 尾调：檀香、麝香、琥珀、香子兰、桃、杏子。

适合含蓄、冷静的祥和型女性。

兰蔻（Lancome）的香水驰名国际，它的历史跨越两个世纪。兰蔻的创办人是阿曼德•佩提。他在创立自己的公司（1935年）前曾是考迪公司的老总，在那儿学会了研制香水，并且亲任调香师，还设计香水包装，以及制定市场策略。他不甘心两大美国香水公司垄断世界市场，要重建"法兰西"香水的威信，于是便离开了考迪。他从法国都兰地区的一个浪漫所在地——"兰蔻城堡"获得灵感，公司取名"兰蔻"，且选择玫瑰作为公司标志。

1935年3月，兰蔻产品首次面世，包括5种香水、两种古龙水、多款唇膏和香粉。阿曼德•佩提迅即将此系列带到布鲁塞尔的博览会展出，兰蔻一夜成名，成为大众焦点。翌年，兰蔻的商标由玫瑰、莲花和小天使组成，分别代表旗下的香水、护肤品和化妆品；而代表美丽化身的维纳斯人头雕塑，则放在所有指定的兰蔻经销商店中。结果，玫瑰、莲花、小天使和维纳斯也就成了当年最能代表兰蔻的符号。随着更多产品的推出，玫瑰渐渐成为兰蔻最重要的标志

1964年，欧莱雅集团收购兰蔻，为兰蔻品牌展开了新的一页。而他们的首要任务，是如何简化兰蔻产品。1965年，以前代表兰蔻产品的不同标志正式被废弃，只保留了玫瑰标志，改善了之前形象不统一的问题。

十八、天堂的"霓彩"

2003年9月，雅诗•兰黛公司推出"霓彩天堂"（Beyond Paradise）女士香水。这是雅诗•兰黛推出的一款梦幻式的香水，它完全冲破了雅诗•兰黛一贯所遵从的成熟女性的形象，代之以独特的香气、水滴状的瓶身、多变的色彩和出色的包装设计，展示给人们新的高雅风采。

这款香水的瓶子采用水滴状的优雅曲线，在光照下会呈现炫目耀眼的梦幻七彩，宛如一滴天堂的甘露降临，引出视觉的振奋。同时调香师从英国的多种珍稀植物园区——伊甸计划区采摘多种珍稀花香料，把人们分三步引入愉悦、安详、清新的天堂一般的梦幻境界，令人如痴如醉。

这款香水花香四溢，清新撩人，令人舒心惬意，适合各个阶层的文雅女士，对于年龄则

不必拘泥，是提升气质、陶冶情操的好帮手。

雅诗•兰黛推出该款香水时，还不惜工本宣传造势，曾重金聘请法国名导卢贝松执导全球广告片，将“流行音乐教母”麦当娜的音乐专辑《梦醒美国》中的单曲“Love Profusion”做广告配乐；又请国际超级名模卡罗琳•默菲（Carolyn Murphy）担任形象代言人；更有甚者，2003年9月在美国一万多家影院首播，堪称造势大手笔。此举令该款香水名声大振，获得很好的市场效果。

“霓彩天堂”香水

- 香调：棱光花香调。
- 前调：伊甸清雾、柑橘、兰风信子、哈密花香蜜、贾布提卡巴果。
- 中调：狗牙花、嘉德丽雅兰、卡特莉雅兰。
- 尾调：斑马木、白千层树皮、黄葵子。

雅诗•兰黛是世界香水业界的传奇人物，美国化妆品王国的统治者，她打造的品牌占有美国市场的半壁江山。她于2004年4月25日辞世，享年96岁。

雅诗•兰黛的前半生大都是一个谜。她的原名叫“艾斯蒂”，在她读书的时候，她的老师希望让这个名字多一些浪漫色彩，所以融合了法语特点给她起名为“雅诗”。而她的姓氏“兰黛”则来自她的奥地利丈夫约瑟夫•H.劳特尔。“劳特尔”的奥地利语原文就是“兰黛”。就这样，“雅诗•兰黛”诞生了，这看上去天生就是一个化妆品的品牌名。

雅诗•兰黛1908年7月1日出生于一个犹太人家庭，她的出生地是匈牙利的科罗那。

父亲门泽尔在镇上开着一家小店，主要售卖马饲料和种子。她是这个大家庭里的第9个孩子。这个小姑娘继承了母亲的美貌——金发碧眼。

门泽尔一家后来移居到了美国，住在贫民积聚的纽约皇后区。不久就爆发了第一次世界大战，接着舅舅药剂师舒尔茨也来到了美国。他专门弄面霜之类的玩意，当他将自己的配方放在煤油炉上煮的时候，雅诗•兰黛似乎看到了她的未来。

1930年，她与约瑟夫结婚，3年后，他们有了第一个孩子：伦纳德。其后，她结识了阿诺德•范亚美利根，并成为他的密友。范亚美利根后来做了他们香水集团的老总。事实证明，雅诗•兰黛与范亚美利根的合作非常成功。

雅诗•兰黛的公司起初着实不大，她在纽约没有办公室。她那时只有一个据点，并且几部电话机都由一个人负责，那就是雅诗•兰黛本人。她的声音一会儿低沉，一会儿高亢，以便让

电话那头的人以为这家公司还小有规模，既有船运部，又有会计室。

雅诗•兰黛非常有商业头脑。她有礼有节，他的推销手法就如拂面春风，送来淡淡兰心，让不少人对她的东西产生了好感。

1944年，兰黛夫妇终于有了第一家商店。1946年雅诗•兰黛公司成立，并且选用“兰黛的蓝色”作为品牌的标志颜色。接着，她努力让公司的产品打进高档百货商店，比如纽约第五大道的大百货店。在以后的许多年里，雅诗•兰黛产品都执行这个策略，在全世界高级商场的货柜上出现。良好的销量证明，这是她的又一个正确决策。

雅诗•兰黛对市场经济了如指掌，她明白“名”经常意味着滚滚而来的红利，所以她不惜一切向上爬，尽力结交上层社会的每一个人。甚至到了晚年，雅诗•兰黛依然乐此不疲。她经常邀请“丽人们”来家里开派对，她的餐桌即使不加位也可容纳30人同时进餐。名人、富人、贵人云集一堂，觥筹交错、环佩叮当，雅诗•兰黛就喜欢看到这样热闹的场面。

她的值得我们敬重的格言是：“我生命中工作的每一天无不是在推销。”

从一个贫民区的小孩成为曼哈顿府邸、棕榈海滩别墅、伦敦寓所等世界各地很多套豪宅的主人，与温莎夫妇、美国前总统里根夫人南希私交甚密，雅诗•兰黛的一生堪称传奇。她在1985年的自传中为自己做了总结：“经商是纯粹的戏剧——只有结果才证明一切。”雅诗•兰黛走了，就像一个真正的贵族。雅诗•兰黛被收入美国《时代》周刊编纂的《二十世纪一百位最重要的风云人物》。

十九、颂歌“忘情水”

意大利著名的时装公司阿玛尼（Armani）是享誉全球的时装品牌，在众多追逐名牌的青年一代中，几乎无人不晓。

“忘情水”香水

阿玛尼的“忘情水”（Acqua Di Gio）香水于1994年推出，也有人译成“寄情水”。

它是为了表现地中海夏日的感觉而特别调制的，有水之花的香味，1996年获得香水业界的最高奖——菲菲大奖，1999年入选“世界十大香水”。

“忘情水”情意绵绵的名字，加上刘德华的同名歌曲，又有阿玛尼的名牌效应，已经是声名

远播，而更重要的是“忘情水”香气优雅，花香清纯，深得女士们的青睐。

“忘情水”香味非常清新芬芳，是交织在一起的花香和东方神秘的柔香，适合白天外出、休闲、逛街、约会等多种场合使用。

- 香调：清新花香调。
- 前调：甜蜜豆蔻、栀子花、丁香、桃花、橙花。
- 中调：茉莉、白色风信子、素馨兰、葡萄。
- 尾调：麝香、檀香、琥珀、香子兰。

香水业界往往是这样，女士香水火起来，同名的男士香水也会随之而至，反之亦然。“忘情水”也是这样，同名的男士香水也随之而至。这款男香香气与肌肤融为一体，如自然体香般散发出来。它大胆结合各种新香味不同的风貌，更突出了它毋庸置疑的男性气概。自然的芬芳联合新鲜的海滨花香，是让人难以忘怀的气息，是讲求无拘无束、崇尚自然本位的男性使用的香味。它是最富魅力的男士香水之一，不愧是阿玛尼大师之作。

“忘情水”男士香水整体包装采用充满男性气概圆弧曲线的造型，再加上细致的金属瓶盖，融合了力与美，充分呈现出典雅的品位；磨砂雾玻璃则表现了清新而感性的一面，瓶身由香水自然映射出蜜糖的淡棕色，完全地衬托出阿玛尼大师的风格。

二十、男香的“宠儿”

“自然力之水”香水

Boss是1923年在德国推出的著名男装品牌，这一品牌引领了数十年的世界男装潮流，经久不衰。Boss第一瓶香水“自然力之水”（Elements Aqua）是Hugo Boss于1993年推出的男用香水。这款优秀的香水主要含有琥珀、罗勒，并用龙蒿叶加以强调，鼠尾草与麝香的加入使“自然力之水”更适合日常使用。它具有清新淡雅的木香味，还有海洋香韵，体现当代男人的气质和魅力，很受男士们的青睐，十多年来都畅销不衰。

香调：柑苔清香调。

前调：佛手柑、蜜柑。

中调：天竺葵、杜松。

尾调：琥珀、檀香、橡树、麝香。

"自信"香水

此后，Boss系列香水一发而不可收。1998年，Boss设计师推出了令全球男性瞩目的新款男性香水"自信"（Boss Bottle）。

这款香水为清新果香调。

- 前调：佛手柑、苹果、肉桂、丁香。
- 中调：金盏花、天竺葵。
- 尾调：杉木、檀香、橄榄。

现在，Boss的香水已成为全球香水市场的主要香水品牌。

"极尽自我，挥洒自由"是Hugo一直倡导的理念，他特为当代新人类创造的Hugo香水极鲜明地阐述了这一理念。Hugo男士香水具有复合型的味道，前香由葡萄柚、青苹果、荷兰薄荷调和成，令人神清气爽；中香由茉莉、鼠尾草、丁香及薰衣草组成，散发自信底蕴；后香则是橡树苔、皮毛、麝香营造出的皮革木香调，直接体现独具个性的男士魅力。Hugo 女士香水同样具有神秘的复合味道：青苹果、番木瓜、黑醋栗、水草、湿苔产生的清新初调，洁净简约；茉莉、百合散发的植物中调，自信轻松；珍贵木材、香子兰、鸢尾草营造的后期性感香氛，温柔热烈，与现代都市女子的浪漫情调共同营造出一种奇妙氛围。

近几年来，德国Hugo公司的Boss男香水日趋流行，男装店几乎都有Boss香水出售，成为一种时尚潮流，颇得男士们的喜爱，成为2004年最畅销的香水之一。

2004年最新推出的Boss"动感清新"（In Motion Edtion）香水、Boss"优客"（Hugo）男香和Boss"地球"（In Motion）香水十分引人注目。Boss"动感清新"（In Motion Edtion）香水承袭2002年动感男香的阳刚气息之后，又赋予它新的个性，使它更为前卫，并具有男性独特冷静的气质。Boss"优客"（Hugo）男香展示着男人的沉着冷静与自信。清新舒适无负担的柑苔果香气息，让男人们都能找到自己中意的味道。优客男香适合处世圆融的现代都市男性，更加显露出迷人潇洒的男人气质。Boss"地球"（In Motion）香水是Boss在夏天推出的男士香水，以年轻动感的男士为主要对象，追求运动、时尚的男性均对它青睐有加，香味则是人们喜闻乐见的东方香型。

Boss还推出了一些女士香水，如1997年推出的Hugo Boss女士香水，2004年春天推出的Boss“深红诱惑”（Deep Red）女香、Boss“悸动”（Intense）女香等，但优势还是在男士香水。

Boss一直“为成功人士塑造专业形象”。风格硬朗、简洁利索的Boss西装俨然成为白领男士的制服。不论设计或形象，Boss都非常男性化，最大的特点就是把绅士和前卫这两个极不相容的概念调和在一起，色彩稳重，做工精良，充分表达出现代男性的冲击力。对于欧洲男士来说，Boss已与大都市男性雅皮士的生活品质紧密相连，它的形象内涵具有巨大的吸引力。拥有新的态度、新的观念以及新的市场视角，这就是Boss精神。Boss男人好像一本被重新演绎的经典名著，经过岁月的洗练，脱去了年轻所特有的稚嫩，变得成熟起来。Boss在国际男装市场上占有举足轻重的地位，行销全世界80多个国家更是有力的证明。

Boss男用香水正是秉承了Boss男装一贯的风格，而且还给这个男装品牌增色添艳，锦上添花，使得Boss更能展示男士的魅力和阳刚之美。

二十一、英伦“登喜路”

“X-Centric”香水

世界男装品牌中，不能忽略英国的登喜路。同样，登喜路的男用香水也是不可忽视的。登喜路男装系列自问世百余年来，凭借最优质的原料、无懈可击的设计标准以及精湛的专业技术，使其产品成为同行业中无可争议的佼佼者。登喜路一向讲究简约素雅，讲究华丽转为注重时尚、优雅和男性魅力。百余年因秉承其“所有产品必须实用、可靠、美观、恒久而出类拔萃”的宗旨，在林林总总的男装舞台上，以其超凡的精致、高贵的气质，为社会各阶层成功而富有的男士们所推崇，一直被誉为“英国绅士的象

征”。不论时尚如何风云变幻，登喜路总是走在精致生活的最前端。它强调将现代与传统相结合，其格言是：“所有产品必须实用、可靠、美观、恒久而出类拔萃”。产品包括男士服装、皮具、墨水笔、香水、眼镜和腕表等，其中烟斗和打火机最负盛名，是英国皇室的御用品。凭着卓越品质及优质服务，登喜路在20世纪20年代就声名远扬，赢尽达官贵人的爱戴，并成为英国皇室的御用供应商。阿尔弗雷德•登喜路唯一的女儿玛丽•登喜路发挥自己的商业天才，为登喜路注入了新鲜的女性味道。她留下了一些经典的女性设计：“Mary1937”香水以及1947年的“Escape”美容产品系列。

1984年，登喜路(Dunhill)这个英国男士精品品牌推出全新男性香水“X-Centric”，经典的螺旋造型设计，展现出独特的男子气概，香味清新舒适，最适合拥有自我风格的性感男人。它也是2004年最畅销的香水之一。

登喜路“X-Centric”满足年轻男性个性化、自我的表达需求。这支香水属于木质花香调男性香水，前调运用丝柏枝、葡萄柚、碎绿叶等，中段用玫瑰、莲、鸢尾草，后段用琥珀、麝香、檀香等，香味充满自我风格，性感而怡人。

- 香调：木质花香调。
- 前调：丝柏枝、南欧丹参、葡萄柚、白豆蔻、肉豆蔻、碎绿叶。
- 中调：鸢尾草、玫瑰、莲花。
- 后调：琥珀、麝香、檀香、香柏木、广藿香。

二十二、“香梦”多甜蜜

安娜•苏（Anna Sui）继1999年推出第一瓶“魔镜”香水后， 在2001年推出第二款女性香水：“甜蜜梦境”（Sui Dreams）。

跨越纽约时装与彩妆界的安娜•苏（Anna Sui），由于华裔背景而使其品牌风格充满着浓郁的中国风采，此款新香水的特殊外观亦是如此。因为手提袋是女人精制的性感配件，最能偷偷地反映女人潜藏的个性，也最能诠释女人的时尚需求。所以安娜•苏再度发挥她将梦想予以成真的力量，将香水瓶活生生地变成一个珍贵的手提配件。将香水瓶设计为手提包，是这款强调实现梦想的香水最引人注目之处。

松蓝色的磨砂椭圆瓶上，有着浮雕的莲花及莲叶雕纹，即是结合中华传统的设计表现。圆形的手提把挽配着旧银的银光，松蓝-银白的对称搭配，增添一点东方色彩，使这款香水瓶显得更加协调、雅致，将女性祈盼柔美的基因尽显无遗。

❁ “甜蜜梦境”香水

“甜蜜梦境”（Sui Dreams）混合了多种水果和植物精华，花香味非常浓郁。它的主香是花果香。头香是淡淡的水果香，融合佛手柑、橘子和熟桃李的香气；中味以桃子为核心香味，加强了水果的发挥力，并与开罗香兰、白苜蓿、牡丹的香味合而为一；尾香为温暖、清淡的花香气，加深了华丽的气氛，浓烈的大溪地香草加上檀香和罕有的白桦、豆蔻，完美地表达女性情绪，创造出令你动容的感官体验。

- 香调：清甜花果香调。
- 前调：佛手柑、橘子、熟桃李。
- 中调：开罗香兰、白苜蓿、牡丹。
- 尾调：大溪地香草、檀香、白桦和豆蔻香味。

安娜•苏（Anna Sui）中文名肖志美，国际著名时装设计师，祖籍广东，是第三代华裔移民。她1955年生于美国底特律的华裔中产家庭，排行老二，是家里唯一的女孩，父亲是建筑结构工程师，母亲是专职的家庭主妇。安娜•苏曾在巴黎读过艺术专业，她在童年时期就显露出非凡的设计天分。她喜欢花衣服，在学校时被全校票选为“最佳穿着打扮”，也喜欢剪贴时尚杂志，将一些美丽构想收集起来，戏称自己的剪贴簿为“天才档案”。

安娜•苏的外表是颇有东方感的，但是美国的生活背景却使她非常国际化，这从她特立独行的性格中可以看出来，也从她的设计作品中表现出来。安娜•苏曾在巴黎学画画，喜欢亲手缝制衣服。她还喜欢摇滚乐，在二手店挖宝，同时她喜欢品牌的标准色——紫色和黑色。

20世纪70年代安娜•苏进入美国著名的帕森设计学院就读，从而开始了她的设计人生。毕业两年后，安娜•苏做过一些运动服装设计，那时她找到了志同道合的伙伴，这就是史蒂夫(Steven Meisel)，两人的合作对安娜•苏的发展是非常关键的。在《时代》杂志累积许多文章后，她全心全力投入自己的设计。

1991年起安娜•苏首次公开发表服装秀，有浓烈的嬉皮风格，接着在纽约开设第一家精品店，陆续发表男女时装。两年以后，她就获得了纽约设计师协会颁发的佩里艾力斯奖。

1996年在东京设立亚洲第一家精品店，在日本掀起紫色旋风。

安娜•苏在日本风行，日本人马上想到新商机，因此开始有了化妆品，在20世纪90年代末期，安娜•苏创造出一系列集古典、优雅、华丽于一身的彩妆品，以她最喜爱的蔷薇为主题，神秘紫色搭配全黑花纹，天然花香充满彩妆。

安娜•苏是一个非常有主见的设计师，她喜欢用自己的眼光来判定对时尚的取舍。她非常喜欢用比较便宜的面料做出让许多人都能够接受的服装；她的香水系列有相当惊人的拥护者，2001年她的香水就成为世界上最受欢迎的香水之一。设计师要成功，必须有自己的个性，在推出自己的香水的时候，她说："我从来就没有发现自己真正喜欢的香水，所以，我只好自己设计一款了。"她的自信和个性由此可见一斑。

安娜•苏紫色风潮于1999年席卷中国台湾，陆续推出香水、保养等产品，除了紫黑色，愈来愈多的色彩出现在品牌里，深爱紫色的安娜•苏在香水、彩妆与服装中大量运用，整个专柜都是浓郁的深紫色，像沉浸在紫色浪漫中。在紫色中，女人找到自我，也找到心灵中最神秘的力量！

一看到安娜•苏就深深被其魔力吸引，时尚界都叫她"纽约的魔法师"！确实，她拥有迷惑的魔力，不管是服装、配件或是迷死人的彩妆和香水。

现在，安娜•苏已经是一位国际著名的时装设计师。她的设计风格奇特，甚至于令人迷惑。但欧美时尚界却时常感叹她将古典与现代巧妙地融合，又将天真烂漫与成熟妖艳混合于一体的娴熟技能。她说："我所追求的是独特，不是古怪。"

也许，安娜•苏矛盾的个性正是她灵感的源泉。她心中始终藏着一种叛逆的摇滚情结，可又钟情于波西米亚式的妖艳奢华。她推出的香水更显奇特、时尚。无论是"蝶恋""甜蜜梦境""许愿精灵"，还是"洋娃娃"，都彰显她的个性特点，赢得许多年轻人的青睐。虽然她已年过半百，但她的作品却不时展露出纯真浪漫的女孩情怀，留给世界许多奇异的梦想。

二十三、典雅的"蝶恋"

安娜•苏在2002年全新推出典雅大方的"蝶恋"（Sui Love）香水。

"蝶恋"的香水瓶外观非常艳丽动人，很像一只彩蝶，振振欲飞，非常惹人喜爱。这款瓶子的造型非常阳光和青春，自然吸引着人们的目光，特别受到年轻女性的青睐；加之香味也很有吸引力，清甜的花果香非常迷人，给这款香水增加了可贵的亮点，自然会赢得市场的欢迎。

"蝶恋"（Sui Love）由橘子花、茂盛的佛手柑和热情的水果混合，加上香草和麝香，配合浪漫的玻璃蝴蝶瓶，为爱情加入一种和谐的甜蜜。

“蝶恋”香水

- 香调：甜蜜的花果香调。
- 前调：西西里岛佛手柑、日本桂花、百香果、粉红椒。
- 中调：白玫瑰、埃及茉莉、橙花、意大利紫罗兰、荷花、金盏花、夜来香。
- 尾调：马达加斯加香草、秋葵子、麝香。

二十四、可爱“洋娃娃”

“洋娃娃”香水

2003年夏天，Anna Sui推出了第四代香水，复古的娃娃头更吸引人们的目光。一般的消费者在购买香水时，总会享受着收集各式瓶身造型的乐趣。时尚设计感很重的Anna Sui以往推出的香水，外瓶设计总是让人眼睛为之一亮，从第1代的“魔镜”，第2代的“仕女提篮”，到第3代的“蝴蝶”，总是让人惊艳。这款名为“洋娃娃”（Dolly Girl）的香水，娃娃头瓶子是著名的Anna Sui人体模型的复制品。

“洋娃娃”（Dolly Girl）香水拥有中国血统但成长并成功于西方，安娜•苏之所以格外重视这次推出的“洋娃娃”香水，她说是因为“洋娃娃”是她一直想要创造的香水。

安娜•苏从小就热切地为心爱的洋娃娃

和哥哥的玩具着装打扮。她持续地收集具有无邪彩绘脸孔的古董“娃娃头”。这些洋娃娃头展示在世界各地安娜•苏精品店与专柜，很快地，娃娃头就成为安娜•苏特有的形象。

表达女性魅力极致的粉红色“洋娃娃”香水装在安娜•苏著名的人体模型“洋娃娃头”的复制品里，无忧无虑又优雅的洋娃娃释放了隐藏在我们内心的所有小小的神奇想象力。安娜•苏幸福地说：“‘洋娃娃’香水真正反映出我的精神与敏锐的感觉，充满了无穷的乐趣与魅力……而且她如此可爱！她绝对是独一无二的，不是吗？”

安娜•苏“洋娃娃”香水的头香是令人垂涎的水果味，佛手柑、西瓜、苹果、肉桂，带有海风吹拂和绿叶的味道。充满青春挑逗与浪漫的香水核心是木兰、紫罗兰与玫瑰、白铃兰、茉莉和马缨丹花的精华。“洋娃娃”以温暖性感的旋律结尾，琥珀结合麝香与树莓、维提味香草与柚木，挑逗着感官。

“洋娃娃”是一个天真无邪与调情的故事。香水既有水果的清新味道，也有高雅的花香相伴，后味还带有一丝浪漫浓郁的幽香余韵。

- 香调：清新花果香调。
- 前调：佛手柑、西瓜、苹果、肉桂、绿叶。
- 中调：马缨丹、紫罗兰、玫瑰、铃兰、茉莉。
- 尾调：香草、树莓、琥珀、麝香、柚木。

二十五、美好的愿景

安娜•苏 (Anna Sui)的“许愿精灵”（Secyet Wish）是澳洲设计大师Marc Wittenberg设计的一款造型别致的香水，晶莹剔透，特殊三面体的水晶香水瓶顶端，有一位姿态娇美、闪耀着梦幻般微光的精灵温柔地坐在精巧的雾面水晶球上。这款“许愿精灵”香水充分表现出一种强烈的信念，安娜•苏唯有揭开她内心深处躲藏已久的秘密愿望，“许愿精灵”的精神才能浮现。

“许愿精灵”香水

这款香水所营造的氛围就像是小精灵所居住的魔幻森林，让她们轻盈地在花果香中飞舞，安静地在叶片上休憩，让小精灵们看顾你的愿望，灌溉你的秘密花园。让天真奇幻的心境领着你，追逐梦想的天堂。闭上眼

睛，许下心愿；睁开双眼，迎接神奇。

这款香水首先把你带进魔幻森林的，是令人着迷的透着木香风韵的花果香：新鲜清凉的柠檬，成熟的哈密瓜香，以及如丝绸般柔软的金盏花，散发出诱人的杏桃果香，香氛的漫延就像精灵迅速拍动翅膀，使之很快扩散。转眼间人们惊奇地发现，世间已充满芬芳。继而，又幽幽地传出一股令人陶醉的菠萝香，融合着黑醋栗的果香，使得香韵带有一丝神秘感。香水后段以温暖的白雪松以及诱发欲望的琥珀香，加强热情与魔力诱惑的特质。最后，以轻抚似的，犹如掉落星尘的白麝香作为尾香留韵，令人回味无穷。

这款以甜清香为主的高雅幽香把人们带入温馨、优雅的氛围中，让精灵的神韵沁入你的心田，让你感觉舒心惬意，神清气爽。同时更可贵的是，这款香水虽是女香，但男士也可用，相信很多男士也是很喜欢这种香氛的，都能感受到亲切、温馨以及和谐、美好。

- 香调：清新花果香调。
- 前调：柠檬、金盏花、柏木、哈密瓜。
- 中调：黑醋栗、菠萝。
- 尾调：白雪松、琥珀、白麝香。

二十六、柔情巴宝利

“接触”香水

巴宝利（Burberry）2003年夏天在全球同步推出了新款女性香水“柔情触感”Tender Touch，这是继2002年成功推出Baby Touch之后，隆重推出的又一款女士香水。它迎合亚洲地区最受女性朋友欢迎的香甜花果气息，瓶身的设计延续“接触”的灵感，搭配亮紫粉红的创新柔美色泽，柔和、丰富的气质，流露出女性俏丽的一面，清新的果香调必定会成为新的经典之作。

- 香调：清新花果香调。
- 前调：青蜜柑、紫罗兰叶。

- 中调：玫瑰精油、牡丹、小苍兰、丁香、荔枝、水蜜桃。
- 尾调：檀香木、麝香、琥珀、鸢尾花。

英国知名品牌巴宝利（Burberry）创立于1856年，开始是制作雨具的。它的香水品牌理念是不求搞怪另类，也不走妖艳性感路线，比较传统，这符合英国人的形象。巴宝利在雾都Hampshire 的乡村开第一家店时，从未梦想过他的名字与设计会在 100 年后仍为传统与质量的象征。1865 年，巴宝利的注意力集中在他称之为斜纹防水布的材质发明上。他的风格代表了优雅简洁及精致的休闲服，是独树一帜的时尚，无其他品牌所能比拟。巴宝利的形象代表着：质量、信誉、精致、永不退出流行的经典之作。

巴宝利先后推出了多款世界知名的香水系列产品，其中知名度较高的有“接触”（Touch）、“伦敦”（London）、“风格”（Brit）、“周末”（Weekend）等。巴宝利自1993年开始在中国设立销售点，成为最早进入中国的零售商之一。该集团在中国20多个城市共设立了30多家专卖店，其销售额占其总销售额（近7亿英镑）的2%左右。

二十七、特别的“风格”

“风格”香水

2004年底，巴宝利推出一款“风格”男士香水。英国时尚经典品牌巴宝利，延续着百年的历史，穿上象征英伦风格的格纹图腾，别有一番情趣。

巴宝利（Burberry ）的“风格”男士香水（Brit for Men） 浓缩了现代英国男性的气质，体现慵懒的优雅及休闲的风格。清新的东方木质调男香，独特的头香混合了多汁的绿柑橘、霜冻小豆蔻及佛手柑的清香。中调散发出野玫瑰的优雅、肉豆蔻的辛辣，以及雪松的鲜明基调。尾调则展现出东方木质调香气中混合麝香及薰草豆的气味 ，留香悠长，使男人的自信、性感与阳刚得以同时呈现。

瓶身与外包装运用不同的深浅灰色调，映在巴宝利“风格”香氛系列的格纹图案上。烟熏灰的瓶身被赋予创新的包装手法，装点了Burberry固有的品牌特色 。

对人性特征的具体描述，取代了仅止于抽象而情绪性的概念。巴宝利这款男香被认为是英伦风尚的代表——“感念过去，同时又展望未来”，散发着一派轻松与毫不在乎，又兼具迷人的性感。“风格”男香（Brit for Men）所散发的自信，源自于他的真实与悠闲自在的心境，对音乐、艺术、旅游及朋友的热情，永远伴随着随和的态度与毫不做作的随性优雅，使他表现得更加谦逊。

- 香调：木质东方调。
- 前调：绿柑橘、佛手柑、姜、霜冻豆蔻。
- 中调：野玫瑰、雪松、肉豆蔻。
- 后调：檀香木、麝香、薰草豆。

此外，巴宝利的著名香水“伦敦”（London）和“周末”（Weekend），各有男女两款，是现代格调的情侣装，很受青睐。

“伦敦”香水

巴宝利“伦敦”(London)男士香水外形稳重大方，很有品位，仿佛是一位端庄的英国绅士。每天工作的繁忙和都市生活的紧张，身心都会感到疲惫，抛开一切工作，远离一切尘嚣，只和爱人一起分享快乐，那是非常浪漫的。

巴宝利“周末”（Week End）男士香水诞生于1998年，也是颇有特点的男香。

粉蓝色的“周末”男士淡香水强调的是百分百的阳刚气息。香氛带来的爽快感，有如饭后享受香

烟，或在运动后焕发精神的满足感。头香新鲜、干净，自然地爆发式芳香由香柠檬与柑橘等组成，立刻为你带来一种动感的、透明的清新，但却非常持久；中调由檀香、常春藤叶、橡木苔透露着温柔而优雅的一面，经典主义的风格，展示男人们在休闲时的魅力。永恒典雅的瓶身造型上，有轻微的曲线纹路，金属的瓶盖更显自然。

这一款充满活力的香水，会使人倍感轻松，同时颇具男子气息，又具有爆发力与温柔相互融合的气息，适用于成功男士和在职场奋斗拼搏的潇洒男人。

- 香调：东方木香调。
- 前调：香柠檬、柑橘。
- 中调：常春藤、白胡椒、豆蔻。
- 尾调：安息香、橡树、檀香木。

二十八、优美的传说

“一千零一夜”香水

“一千零一夜”（Shalimar）是娇兰公司1925年推出的一款具有划时代意义的经典香水。地球人大都知道“一千零一夜”的经典故事，可把它移植到香水上来并赋予新的传说，这又是香水业一大创举。这个香水故事是：印度大帝沙杰罕极宠爱他的爱妃泰姬，这位在他的王国里呼风唤雨的帝王，依然如世间任何平凡男子般，竭尽所能地，希望博得美人儿欢心。为此，他下令建造了许多美丽的花园，在这里，他与泰姬携手漫步，浅浅低语，倾诉爱意，在这个他深深迷恋的女人眼中，他发现了另一个更美丽的世界。这些留下两人足迹的花

园，就被命名为SHALIMAR，SHALIMAR是梵文，原意为爱的神殿。帝王与他的妃子已随着岁月消逝，但是浪漫的爱情故事却成为美丽的传说。香水大师Jacquesguerlain在这个美丽传说中找到了灵感，创造出美妙的“一千零一夜”（Shalimar），于是这款诞生于爱情之中的香水成为送情人最好的礼物。

这款香水有着十分神秘的东方气息的香氛，自然的花香调，非常适合具有东方女性传统并略带神秘的女性。“一千零一夜”激发您的热情，表达您的欲望，能让女性散发性感诱惑让女性自由表达感受及渴望，更加妩媚动人。

- 香调：辛辣东方调。
- 前调：柠檬、香柠檬、橘子、松。
- 中调：茉莉、五月玫瑰、广藿香、香草根、香子兰、鸢尾花。
- 基调：鸢尾花、没药、檀香、麝香、香草。

二十九、难忘蝴蝶梦

“蝴蝶夫人”（Mitsouko）是娇兰公司1919年上市的一款名贵香水，给人的感觉是一种神秘、理性、成熟女人的香水。提起蝴蝶，就会使人浮想联翩，你会想起中国古代“庄周梦蝶”的典故：庄子睡熟了，梦中变成蝴蝶四处翩舞，醒来时他疑惑了，是庄周梦见了蝴蝶，还是蝴蝶梦见了庄周？后世常常用“庄周梦蝶”来描绘人生如梦般的糊里糊涂、浑然不知。你也许会想起梁山伯与祝英台那段刻骨铭心、感人肺腑的爱情，那已成为家喻户晓的爱情经典，尤其是梁祝化蝶，翩翩起舞，加上那曼妙的梁祝小提琴协奏曲，真是惟妙惟肖。

蝴蝶，这只蕴涵着人们美好情感的精灵，它融合了人们的理想与梦幻，幻化成一汪似水柔情，恰似“蝴蝶夫人”香水。

“蝴蝶夫人”的灵感来自普契尼的著名歌剧《蝴蝶夫人》，展示出一种紫色主调和神秘魅惑的风格。故事发生在日本明治时代，美国海军上尉平克尔顿在日本服兵役，为了消磨时光，他认识并很快迎娶了一位15岁的日本少女。天真幼稚而少不经事的小姑娘巧巧桑背弃了自己的宗教信仰去追求爱情，她被家族驱逐。婚后不久，平克尔顿就要返回美国。行前，他对巧巧桑说：“当知更鸟筑巢的时候，我就会回来找你。”然而，一去三年，杳无音信。此时，18岁的巧巧桑已生下一个女儿，痴情的她仍然坚信自己的丈夫会回来。可是负心的平克

✹ “蝴蝶夫人”香水

尔顿早已在美国娶妻生子，当巧巧桑看到日夜思念的丈夫带着妻儿来到日本的时候，她悲愤难当地结束了自己的生命。

香水瓶本身就做成红蝴蝶，颜色自上而下渐渐变浅，成为淡淡的橙色。它让人产生联想，幻化出那哀怨动人的故事。

这款香水将佛手柑、橘子花和鲜甜的水果香有机融合，加上香草、麝香等经典香料，再有浪漫的玻璃蝴蝶瓶相配，显得更加诗情画意、韵味无穷，也寄托着人们对美好爱情、和谐生活的一种追求，表达对“蝴蝶夫人”的同情和美好期盼。

香调上，前调有柠檬、佛手柑等易挥发的香氛，随之玫瑰、茉莉，再加上水蜜桃香气纷至沓来，主体香气为花果清香，体现美好，最后以麝香、安息香等收尾，余韵悠长。这种典型的东方香调，仿佛有层次地诉说了巧巧桑幽怨的故事，让人回味，给人启迪。

蝴蝶隐含着悲剧的因子，它拒绝重复自己和其他同类，它只有今天，而没有昨天和明天。蝴蝶是以自杀的方式而离开这个世界的。每年秋高气爽的时节，也是蝴蝶们的狂欢节，成千上万的蝴蝶在山谷里飞翔狂舞，它们在空中展现最后惊魂的美，那就是它们的最后时刻。成年蝴蝶过了繁殖期后，会对活下来的后代构成威胁，因为老蝴蝶被捕食者发现后，也会使小蝴蝶处于危险之中，因此老蝴蝶过了繁殖期就落在地上凶狠地扑打自己的翅膀，直到精疲力竭而自裁身亡，并且在自裁之前灭掉自己的痕迹和一切秘密。蝴蝶的安身立命，愈美得惊奇，愈凄凉得揪心！追忆的是似水年华，怅惘的是流去的青春、爱情。蝴蝶命短，但它曾经辉煌，有一次曾经的美丽，亦如人类的爱情，就不枉来尘世潇洒一回！

这个凄怨的故事和蝴蝶集体赴死的悲壮，也许能给人们一点启迪和思索。

“蝴蝶夫人”是女性喜爱的高格调香水之一，它成熟、知性、神秘、唯美，因而有着许多的拥戴者。它的香调是柑苔香与花香的结合，还加进了名贵的琥珀香，风格独特，香气浓郁，既可冬天使用，又可搭配盛装。本款香水的代言人是一位日本模特，因为日本女性在让娇兰第三代传人感动的电影里出现，电影描述了日本海发生的战争故事，影片的女主角就是“蝴蝶夫人”。沉稳的外表隐藏着无限热情的日本女性的形象深深地印在娇兰三世的心坎，迷漫着浪漫风情和幽香雅韵的香水就成了“蝴蝶夫人”。

- 香调：东方木香调。
- 前调：佛手柑、柠檬、橘皮、橙花油、桃香。
- 中调：依兰花、玫瑰、茉莉。
- 尾调：香草、安息香、白檀香、麝香、橡苔香草。

三十、完美的花香

“香榭丽舍”香水

娇兰（Guerlain）公司于1996年推出“香榭丽舍”（Champs-Elysees）香水。它有完美的花香，是娇兰公司史上最卓越的香水之一。它的主香由含羞草、含羞草叶和醉鱼草组成，还有玫瑰、黑醋栗、芙蓉花等。

娇兰俘获了太阳，并把它注入新品香水：“香榭丽舍”（Champs-Elysees）。借用巴黎这条最繁华的商业街——香榭丽舍，本身就有大气磅礴的感觉。香榭丽舍大街全长1880米，西接凯旋门，东连协和广场，是巴黎之魂，是世界商家云集之地。

作为第一款加入含羞草的香水，“香榭丽舍”以其大胆、诱惑赢得了众多女性的青睐。清新光彩、俏皮欢乐、自信笑容：这些都是“香榭丽舍”女人的特质。“香榭丽舍”香水，是娇兰香水中鼎鼎有名的326号香水，就像巴黎的香榭丽舍大道一样浪漫迷人，令人久久难以忘怀。清新而满溢花香，舍弃了浓郁木香，改为极难萃取香味的含羞草作为主香调，并由玫瑰花瓣、含羞草叶和醉鱼花构成主香。它提取自温柔韧性的白檀和浪漫、明亮的含羞草、茉莉、紫香和风信子。那香味中洋溢着法式浪漫的风情，恰到好处而又毫无腻香之感，更显雍容华贵，无法抗拒的熟悉感。晶莹的瓶身，仿若琉璃，盛载了沉积千年的哀艳。这款香水以法国巴黎著名的香榭丽舍大道为名，以法国顶级女星苏菲•玛索为产品代言人。瓶身由香榭丽舍大道上的著名建筑巧妙组合而成，如卢浮宫的玻璃墙、金字塔、协和广场、凯旋门等，凡是这条街上有的举世景色，始终华美地贯穿于瓶里瓶外，仿佛在告诉你，这里是巴黎，是花之首都，浪漫之王国。

不管是谁，只要涂上这种充满活力、众人爱怜的香水，似乎都能愉快地一步步迎向幸福的人生。

- 香调：清香花香调。
- 前调：含羞草叶、银合欢叶、玫瑰、杏花、蓝莓。
- 中调：含羞草、银合欢、铃兰、醉鱼花。
- 尾调：龙涎香、芙蓉花、杏仁木。

三十一、非凡的“瞬间”

全球著名香水品牌娇兰（Guerlain）在2003年再度以创新的研发概念，推出“瞬间”（L’Instant）女香的时候，创造了不同凡响的成功。这款香水以性感华美的包装呈现，不同于以往香氛前中后味的散发，“瞬间”以独特的“双金字塔”方式呈现崭新的香氛经验。全新研发的“晶透琥珀香氛家族”，让三种主要的和谐香调得以相互贯穿牵引，并且充满阳光般的明亮感受。

“瞬间”香水

“瞬间”香氛系列秉持着娇兰独家设计的一贯传统，瓶身雕饰成巨大的酒瓶，平滑、简洁的线条逐渐形成弧度，在光线的照射下，呈现出紫水晶般的光晕，加上在瓶颈上缠绕着金紫相间的丝线，展露出超凡脱俗的气势，亮丽的设计宛如一颗晶莹剔透的宝石。

- 香调：清新花香调。
- 头调：佛手柑、玫瑰。
- 中调：白麝香、杏木。
- 尾调：陵零香豆、檀香、雪松。

享有盛誉的国际品牌——娇兰，创办170多年以来，推出的香水达300多种。这个香氛王国的骄子，一百多年来，以她那特有的贵族气质与幽雅浪漫的品质保障，奠定了它在法国及世界的地位。

创立于1828年的娇兰，到1994年合并于LVMH集团之前，一百多年来始终为家族企业的经营模式。1828年由年轻的医师兼化学家皮埃尔•佛朗索瓦兹•帕斯科尔•娇兰（Pierre Francois Pascal Guerlain）从一家小的香水店开始发展，1853年推出的帝王香水还曾荣获拿破仑三世赐予的“御用香氛”之名，次年，娇兰本人即被拿破仑三世皇后钦选为御用香水师。此后，娇兰的香水王国不断发展，终于成为世界顶级的香水名牌之一。近年由于娇兰致力于品牌年轻化，推出的香水多以青春活泼为诉求，从1999年开始推出的花草水语系列，到近几年的樱花限量版，都是品牌年轻化目标之下的香水创作。

爱默1889年就推出了著名的“姬琪”。这款香水和以前的香水都不同，非常时髦、非常完美，被看成是世界第一款现代香水，而且是最伟大的经典之作。“姬琪”被界定为半东方调的馥奇族香水，以现在的眼光看来它并不复杂，但是它使调性的分段得以实现，第一次运用了金字塔式的三段香调的排列，是香水发展史上的一个里程碑式的创举！

“姬琪”是爱默前女友的名字，也是雅克•娇兰（Jacques Guerlain）的昵称。非常奇怪的是，没有人规定它是为男人还是女人准备的，因为那时候分别并不明显，所以“姬琪”从此成了一款中性香水，但还是女用居多。后来领导公司的是加布里埃尔的儿子们。而雅克继承了娇兰家族鼻子的天赋，继续调制新的香水。他们发展和建立了更大的工厂。

1906年，雅克•娇兰手中诞生了另一款经典香水——“水波”，跟着推出花香调东方香型的“忧郁”，这是雅克献给爱妻的礼物。

娇兰在二战之前的日子比较辉煌，公司适时推出了“东瀛之花”（Mitsouko），是一款带有日本风格的香水，后来又推出东方风情的“莎乐美”（Shalimar），还有以歌剧《图兰多》中的一个角色命名的“柳儿”（Liu），接着是向电影界献礼的“长夜飞逝”（Vol de Nuit）。娇兰的事业始终在拓展，并在其他国家开了许多分店。但是战争的爆发破坏了娇兰的生意，战后重建是一个相当缓慢的过程。1955年雅克•娇兰和自己的孙子让•保罗（Jean Paul）一起，制作了他的最后一款香水。让•保罗继承了娇兰家族敏锐的嗅觉，在1969年为娇兰香水家族增加了新成员——“迷醉”（Chamade），它使人联想到战时的鼓声、心跳声和投降的场面。又于1974年出品了清新温柔的“娇兰香露”（l' eau de Guerlain）；1975年出品了柏香调的“盛装”（Parure）；1979年出品了歌咏玫瑰的“娜赫玛”（Mahema）；接下来是花香调的“香园”（Jardins de Bagattlle），灵感来自托斯卡尼（Tuscan）的音乐；然后是花香调东方香型的“轮回”（Samsara）和更清新、淡雅的“轮回之香”（Unair de Samsara）。

1996年，迄今为止由让•保罗出品的系列香水中最卓越的一款——“香榭丽舍”

（Champs-Elysees）问世，完美的花香型，取得巨大成功。1998年又有限量的香水出售，那就是为了纪念娇兰的创始人诞辰200周年的“娇兰”（Guerliande）。

娇兰为世界首屈一指的美容护肤品制造商，在世界香水史上留下辉煌灿烂的一页。

三十二、宽阔的胸怀

“快乐”女香

“快乐”（Happy）女香是倩碧（Clinique）于1998年推出的一款别致、现代的复合花香型香水，带着爱的火花，浪漫而持久。加入了香水界从未用过的原料：红宝石般的葡萄柚、杂交的草莓花和夏威夷的婚礼花，充满异国情调，别致而现代。而结合柑橘与鲜花的活泼香氛，具有提振精神、安抑情绪的魔幻效果，使全身充满喜悦及女性特质。

自1998年于美国推出以来，倩碧“快乐”的销量远超乎预期的数字，并于同年抱走菲菲大奖的年度女性香水之星。倩碧“快乐”充满时代感，透露着清冽馥郁的花香，及生机盎然的果香，深受各地女士们的欢迎。包装及瓶身设计表现出单纯的清爽，线条简洁优雅，外盒用独特密瓜色纸盒包装。

- 香调：清新柑橘调。
- 前调：西印度柑橘、葡萄柚。
- 中调：草莓花、婚礼花。
- 尾调：香草、含羞草。

倩碧“快乐”在日本、美国推出并获得巨大成功，并在1998年当年就获得香水业最高的菲菲大奖。聪明的商人是不会错过这样的商机的，紧接着1999年就推出同款倩碧“快乐”的男性香水，以清新木质调为主，在原有的清新香调上作了一些更有创意的调整，改用了木质香调，以体现男人的风范。同时以“环境复制法”来萃取最精纯的香味，将海洋清新的氧气味、阳光晒过衣服的气味、寒冬冰冷新鲜空气味道——“快乐”女香中最精髓的香韵保存下来，而这些味道，会使女性觉得男人性感。

1999年倩碧的“快乐”男香是一支以柑橘、葡萄柚为主香的男用香水。

“快乐”男香

倩碧“快乐”男香充满时代感，透露着清新的木质香及生机盎然的果香，让人感觉非常地清幽、深邃。在香水界看来，象征男香的一般以高大伟岸的森林香、木质调为主，比较贴切；而以葡萄柚香为主调，却是别出心裁，别具一格。事实证明，这一招更胜一筹。因为葡萄柚香恰到好处地诠释了海洋的深邃与宽阔的胸怀，同时又不乏高雅和时尚，呈现出刚柔相济的特质。这也正是男人们最可贵的性格。自推出以来，倩碧“快乐”男香的销量远超乎预期的数字。倩碧“快乐”男香的包装及瓶身设计表现出单纯的清爽，线条简洁优雅，外盒用独特密瓜色纸盒包装，不但让人舒服自在，更带出男性优雅中隐藏的性感。

- 香调：柑橘木质调。
- 前调：菲律宾柑橘、葡萄柚。
- 中调：西洋杉、地中海柏、愈创木。
- 尾调：香草、含羞草。

倩碧是1968年在美国纽约正式创立的，起初是一家以护肤为主的化妆品公司。他们在皮肤学专家指导下，通过过敏性测试，成功研制了第一个百分之百不含香料的护肤品牌，那便是倩碧（Clinique）正式创立之日。

倩碧的英文原意指诊所，由此可见该品牌与医学的渊源。20世纪60年代末，倩碧以其清新的形象和医学研究的背景，与其他品牌形成了强烈的对比，轻易地脱颖而出。1970年，倩碧成为最早生产防晒护肤品的公司之一。1983年特效润肤露成为最畅销产品，全球每4秒售出

一瓶。1989年，彩妆产品在美国百货公司中销量第一。1991年，宇航员使用倩碧的产品。倩碧第一个采用非化学防晒成分的防晒品。1996年倩碧建立了自己的网站，提供最新信息和咨询。

护肤三步骤固然是倩碧家喻户晓的产品，而其中的特效润肤露更是倩碧最畅销的产品，2000年，倩碧推出亚洲女士所需的美白系列及更全面的防晒系列。由于倩碧产品能有效地解决常常困扰亚洲人皮肤的问题，如油脂分泌过多、暗疮及毛孔阻塞，因此它已成为亚洲年轻白领女士心仪的品牌。

三十三、养眼的香韵

“苹果甜心”香水

2006年初秋，莲娜•丽姿（Nina Ricci）特别针对亚洲市场推出了这款“苹果甜心”（Pretty Nina）女性淡香水。这款专为年轻女孩们而设计的诱人美食调香氛，散发出温馨喜庆的柔美浪漫。尤其是中国红更加贴近华人的喜好，可能是刻意而为之吧。

清新的花果香调，搭配透亮的草莓色香水，带您云游仙境，宛如置身于一棵挂满晶莹剔透红苹果的树前，就像这款香水的海报（见海报图）所展示的那样，诱惑让人无法呼吸，使你慢慢沉迷于甜清鲜幽的情境中。她的香气渐渐释放出优雅的风韵，令人流连。头香有经过精制的花茎、甘蓝、柠檬，透出甜清优雅的苹果香韵；接踵而来的是多汁焦糖般的体香，特选红太妃糖苹果，融入果仁糖与香草，在月光花与牡丹花香的陪伴之下，营造一种温馨的意境；柔顺、温和、裹着淡雅的木质调尾香余韵，苹果木、白雪松以及淡淡的麝香，深深地留在你的记忆里。

“苹果甜心”的瓶身穿上了最受少女欢迎的鲜红色，清透的瓶身搭配银质雕饰的苹果叶，更显得玲珑精致，令人心醉神迷。

- 香调：清新花果香调。
- 前调：甘蓝、柠檬 、 花茎。
- 中调：红太妃糖、苹果 、 果仁糖 、 香草 、 月光花 、 牡丹花瓣。
- 尾调：麝香 、苹果木。

莲娜•丽姿“苹果甜心”（Pretty Nina）女士香水海报

“比翼双飞”（L’Air du Temps）香水

三十四、“比翼双飞”赞

“比翼双飞”（L’Air du Temps，1948年推出）是莲娜•丽姿(Nina Ricci) 最著名的香水。这款香水是罗伯特•里奇 (Robert Ricci) 先生和著名调香师Francis Fabron 共同设计调制的。

莲娜•丽姿“比翼双飞”香水鸽子造型的香水瓶身非常著名，以赞美爱与和平为主题，满足世人追求欢笑、和平与爱的愿望，让你我在时间之外，感受愉悦、纯净与真实。

“比翼双飞”属于花香型香水。这瓶香水为法国当今最典雅的香水之一，而且以它的瓶身独特和寓意深远而著名。香水瓶以第二次世界大战中法国雕塑家 Marc Lalique所雕刻的“双鸽”为设计背景。香水瓶盖是一个飞翔的鸽子，象征着第二次世界大战结束后人们对于和平的渴望。它是浪漫品牌莲娜•丽姿最完美的诠释，是世界上最好的五款香水之一，据说全世界每分钟都有这种香水售出，可见其受欢迎的程度。“比翼双飞”（L’Air du Temps）专为活泼、感性、浪漫的女士而设，象征自由浪漫。选用玫瑰、康乃馨、橘子花及檀香等天然花木提炼而成，充满大自然清新；香味为神秘的辛香植物花香，闪烁着金黄色的光辉。

2008年“比翼双飞”香水女装版

- 香调：清新花香调。
- 前调：紫檀、佛手柑、桃子、橙花油。
- 中调：五月玫瑰、百合、兰花、丁香、鸢尾花 。
- 尾调：白檀香、西洋杉、琥珀、麝香。

莲娜•丽姿 其他的经典女士香水还有：“少女心”“玫瑰之吻”等，都有 Marc Lalique 设计的独特香水瓶。莲娜•丽姿还有几款男士香水，但不甚知名。

莲娜•丽姿女士是20世纪30年代巴黎最杰出的服装设计师之一，1932年在法国巴黎和她的儿子罗伯特•里奇 (Robert Ricci) 一起创立莲娜•丽姿时装公司。现在的莲娜•丽姿已是法国最大的时装公司之一。莲娜•丽姿女士可算是时装界名副其实的“服饰雕刻大师”，从30年代崛起于巴黎时装舞台，50岁时才成立了莲娜•丽姿公司。她的时装屋是当时巴黎五大高级定做时装屋之一，也是当时巴黎最优雅的去处之一。直接把布缠在模特儿的身上直接裁剪就是莲娜•丽姿女士首创的。

莲娜•丽姿的本名为玛丽•尼纳，1883年出生在意大利西北部的都灵，7岁时随全家搬到蒙特卡罗。由于父亲去世，14岁时她和母亲去巴黎投靠亲戚。在巴黎，她到某服装店做裁缝，后来嫁给了意大利珠宝商的儿子路易斯•里奇。里奇无有专长，因此家计全部落在玛丽身上。1907年，她到当时一家知名服饰公司工作，同时用莲娜•丽姿品牌在自己的作坊里生产服装。1932年，玛丽的儿子罗伯特•里奇成立了一家公司，并劝说母亲和他一起经营时装业务。他们自己设计时装，同时找来以前手下出色的裁缝进行制作。当年7月，莲娜•丽姿冬装成功推出，并在法国时装界一炮走红。

最初莲娜•丽姿服饰走的是高中档路线，其材料多样，风格古典，设计优雅简单，但价格却比其他品牌便宜，因此迅速受到市场欢迎。1946年，莲娜•丽姿开始向市场推出香水，两年后世纪名作“比翼双飞”香水问世，1952年“禁果”香水又大获成功，并创下几乎每秒钟就卖掉一瓶的佳绩。

1959年，罗伯特的女儿嫁给吉勒•菲什，后者后来成为莲娜•丽姿公司总裁。菲什大力推动莲娜•丽姿公司的国际化和多元化，除了时装和香水以外，还将公司的生产线拓展到皮件、配饰、太阳镜、手表、珠宝首饰、化妆品、男装、童装等领域，并使莲娜•丽姿产品成功行销130多个国家和地区。

莲娜•丽姿的设计极度强调女性化的线条设计，充满女性味。她以利落明快的精巧线条配合精致细腻的手工，流露出高雅独特的设计品位，同时运用新古典和巴洛克主义的风格与魅力，成功地塑造出女性妩媚卓越的形象。现在莲娜•丽姿是巴黎五大“Haute Couture高级订制服装”的品牌之一。

三十五、开心的香韵

普拉达（Prada）2004年推出同名女香。普拉达同名女香有着与众不同的地方，在香水的外包装特别选用了普拉达服饰中同样的纺织布料，简单大方的方形玻璃瓶与直立的金属瓶盖形成鲜明的对比，凸显出典型的品牌风格。

“普拉达”香水

普拉达的创立人Mario Prada是Miuccia Prada的爷爷，1913年在米兰成立一间专门贩售高级皮件的精品店，一直经营到20世纪70年代。面对竞争对手，普拉达濒临破产，Miuccia Prada与其夫婿接掌了这岌岌可危的事业，带领普拉达进入一个前所未有的高峰期。

1989年推出成衣的处女秀，其后2000年推出护肤系列产品。调香师 Daniela Andrier经过四年的精心调制，完全诠释了普拉达的新理念，于2004年推出同名女香。“普拉达”女香将传统与理想主义融合，把过去传承转为现代感，赋予新的理念。上市一年之后，“普拉达”即于2005年获得香水年度女香之星菲菲大奖，真是不鸣则已，一鸣惊人！

- 香调：优雅花香调。
- 前调：佛手柑、柑橘花、橙油、含羞草。
- 中调：玫瑰、虎尾草、凤仙花、覆盆子花。
- 尾调：岩蔷薇树脂、汤加豆、香草、印度檀香油、安息香。

普拉达揭开了琥珀香氛的崭新历史。琥珀的气息由古老香氛工业流传至今，有以下四个特点：

（1）印度檀木精油——木质香气袅袅环绕，带着沉稳与浓郁的基调；

（2）印度尼西亚广藿香叶——浓郁的叶油召唤起阳光与活力；

（3）法国岩蔷薇树脂——温暖而醇美的气息引诱内心的情欲；

（4）泰国安息香——散发着香草般的气息，触发感官的苏醒与重生。

“普拉达”香水的一缕清香，很像美国开心果的香韵，让人顿生食欲。

普拉达是意大利最著名的奢侈品品牌，每年两季的米兰国际时装周上最令人期待的就是普拉达的秀场。普拉达风靡全球，日本、中国台湾等地更是疯狂，满街的人都在背普拉达的尼龙包。但是很少人知道，普拉达的历史起源于1913年，而且是以制造高级皮革制品起家的。

普拉达男装的特色，在于古典简约又不失年轻化的设计，像是20世纪60年代意大利拿波里造型的西装，因设计师Miuccia Prada用了具有伸缩性的现代感素材，复古中赋予新意，可以说创造了流行的独特风格。

普拉达非常重视产品品质，普拉达的所有时装配饰都是在意大利水准最高的工厂制作的，这也就是穿戴上普拉达产品会感到舒适无比的原因。尽管强调品牌风格年轻化，但品质与耐用的水准依旧，特别注重完整的售后服务，这也是以高级皮革制品起家的普拉达至今仍讲究的传统。

普拉达可谓是一个老字号，但由于它的出品追求完美，所以无论老少，对普拉达品牌的认知度绝不逊于其他任何品牌。

三十六、迟来的名香

百年老店的法国著名奢华名牌爱马仕（Hermes）来中国晚了一点，但来了就出手不凡，赞助了中国篮球顶级赛事CBA的总冠军广东宏远篮球队。宏远的球衣印上了爱马仕的标志，人们从这里惊闻，法国百年老店的奢华品牌爱马仕驾临中国了。虽然中国人才刚刚认识，可爱马仕在欧美的上流社会是早已为人们熟知并被一致认可的顶级奢华品牌。

2003年爱马仕“地中海花园”(Un jardin en mediterranee)女士香水由著名的顶级调香师Jean-Calude Ellena倾力打造并限量发行，一时轰动欧美的香水业界。

这款香水的灵感来自于Leila Merchari的地中海秘密花园，为了能精准诠释出地中海的风情景致，特别汇集了三位著名的艺术家，以文字、图像、香气来共同编织出一款有故事的香水。

“地中海花园”融合了木香、青草香及果香，无花果树、乳香脂树及西洋柏的清香，令人联想起地中海的凉爽微风；夹竹桃、佛手柑及柑橘的果香，让人感受到和煦温馨的阳光。嗅觉带来地中海的深邃与沉稳的海洋气息，为地中海风情给出最完美的诠释。地中海秘密花

“地中海花园”香水

园的神秘色彩赋予这款香水几分别具一格的风韵，让深邃的海蓝色从瓶身反映出来，让人们体味到其中的韵味和纯净的安祥和宁静。

- 香调：清新柑苔调。
- 前调：夹竹桃、佛手柑、柑橘。
- 中调：夏天的茉莉、尼罗河睡莲、橙花。
- 尾调：无花果树、乳香树脂及西洋柏。

三十七、运动新香韵

阿迪达斯是知名度很高的运动服饰品牌，其运动香水也是很出名的。早几年，美籍华人靳羽西曾经用此品牌在我国上市过运动和经典香水，由于人们对运动香水的认识粗浅，市场反应一般。

阿迪达斯“运动精神”（Game Spirit）男士香水展示出个性、简洁、清新、自然的风格，表达都市男子内心的自信和潇洒，更有适合运动与休闲心态的随遇而安，除了在香调上作了年轻、现代化的调整外，简单随意的香水瓶身也体现了人们快乐惬意的娱乐情怀，很适合放松心情享受快乐的成功人士，也给那些紧张忙碌的职场勇士们一剂洗净铅华的温馨流韵。

“运动精神”香水

- 香调：清新花果香调。
- 前调：柠檬、薰衣草、奇异果。
- 中调：天竺葵、天竺薄荷。
- 尾调：香草、安息香、琥珀。

三十八、鳄鱼也爱香

“异想世界”香水

鳄鱼（Lacoste）是一个人们喜闻乐见的著名时装品牌。大多数人知道它的时装，而它的香水的知名度，则略逊于时装。其实，国际上知名的时装品牌大都有同名的香水。

鳄鱼“异想世界”（Lacoste Essential）男士香水是一款亲近大自然的香水。享受自由，美化生活，让自己去自由选择自己喜欢的事物。珍惜周末时光，充分体验心灵自由。“异想世界”展现的是一种自由开放的态度，寻求在工作、感情与个人生活中的平衡自在，信马由缰。

做回你自己！这就是“异想世界”。谁说一定要遵循经典和潜规则？自己喜爱，自己快乐就义无反顾地去做。“异想世界”男性香水就是装在玻璃瓶里的自由，流动的自由。让你自己的肌肤体验舒畅，也让周围的人感染到你随心所欲的特质，爱上与你相处的自在轻松。“异想世界”就是要你做回自己，展现你的本质。

据称，鳄鱼品牌创办人之一——世界网球冠军 Rene Lacoste，就是这种生活方式的真实写照。他努力工作、认真玩乐，懂得享受人生，他本身的一言一行均散发着无忧无虑的自在气质。他崇尚“品质”——享受好品质的快乐、建立好品质的信誉、使用好品质的产品——这就是他最珍视的。

一般的香水在喷洒后一个半小时内，香气往往就慢慢消退。鳄鱼的“异想世界”男性香水为了随时保持自由自在的感觉，留香悠长，研发出最新的留香举措，在身体的某部位喷洒香氛后，经由每一次吸入香氛，再次启动香料精华，释放出新鲜的香气。无论在办公室、玩乐，或休闲放松的时刻，都可维持一整天的清新，就像刚喷上香水时一般。

- 香调：清新花果香调。
- 前调：西红柿叶、柑橘。
- 中调：玫瑰、黑胡椒。
- 尾调：檀香、广藿香。

三十九、贵族的雅韵

“粉领贵族”女香海报

积架（Jaguar）于1998年推出了旗下第三款女性香水“粉领贵族”女香（Jaguar Woman），温暖清新、晶莹剔透、闪闪发光的积架“粉领贵族”女香，柑橘的调性与混合木调和谐般地散发出冰镇的果香，中味融入牡丹、百合花、茉莉花的舒爽芬芳，在清新中带着温暖，后味夹杂晶莹剔透的琥珀清新，喷洒时花香迅速散发开来。

透明沁透的粉红色香氛，盛装在富现代设计感的瓶身当中，沿着瓶身包裹着流利的银色铝条，展现简洁利落的质感，流畅的线条显现女性的娇柔与玲珑有致的曲线，展现出自信与独立自主，又不失女人的温柔娇宠。

- 香调：清新花果香调。
- 前调：柑橘、红醋栗、西瓜。
- 中调：牡丹、百合花、茉莉花。
- 尾调：白麝香、檀香、琥珀、羊绒木。

四十、盛开的桃花

“桃花盛开”女士香水是南京巴黎贝丽丝香水有限公司于2005年推出的一款清香花香调女士香水，在国内市场上受到人们的喜爱。

如若在你心中有一份最真实的女人心态，让你总难抗拒色彩与裙摆的诱惑，喜欢在一切可以美化的细节上悉心装扮自己，在不经意间流露你独特的魅力，那么，你可以尝试它。

如若你温婉、聪慧、率真、娇俏、性感、恬静……总有千般变化、万种风情，但你依旧在寻觅，寻觅一个瞬间，让你用更细腻的温柔和更热烈的诱惑，尽情展现你那多变的柔情蜜意的女人情怀，那么，你更应该选择她。

这款香水的玫红色外包装非常引人注目。玫瑰红与银色的搭配映衬着飘动裙摆般的瓶身线条，时尚而深具女性特有的美感，与香水的花果香调配搭融合，相得益彰。

“桃花盛开”香水

“桃花盛开”女士香水是一款诱发你自身的非凡魅力，挥洒香氛的柔情，绽放你潜藏美丽的香水。

这款香水的调性宽广，特别适合于职场的知性女士和高级白领。但只要追求美，追求女性自身的魅力，每个人都可以尝试使用，因为真正的美丽是无法用年龄划分界限的。

- 香调：果香花香调。
- 前调：小苍兰、荔枝。
- 中调：木兰花、青茴、胡椒。
- 尾调：茉莉、琥珀、麝香。

四十一、“花样年华”

“花样年华”（Blosson Season）香水，是专为青少年才俊打造的琼浆玉液，它从食物香料中选择最可靠的合适香料，可以是食用的花果香，尤其是果香。有哪个儿童、青少年不爱水果呢？果香含醛多，几乎都是以醛香为主，如柠檬醛、桃醛、苹果醛、凤梨醛、椰子醛、杨梅醛等都是有高挥发性、味道可口的甜清香。用于香水，不仅安全可靠，而且嗅觉舒服、味感可口；同时醛香又是传统东方香中的佼佼者，在日常生活中有不少人熟知和喜好有加，它也是典型的辛香品，辛辣香体现了果敢、坚毅、勇于创新。因此选用醛香为主香是非常恰当的。但是过多的果香堆砌，会造成香味重叠、单一。在头香设计中，选择品位高雅的花香——晚香玉，有画龙点睛之妙！如此一来，“花样年华”基本成型，略加修饰，并采用2016年4月21日批准授权的（高端香水发明专利201410065651.9）发明专利技术，精心制作的这款香水，广受好评，赞赏有加。

“花样年华”香水

该款香水为清新花果香调，也属于东方花香调。

前调由夜来香领着一帮脆甜可口的果香，引来蝶飞蜂舞，少男少女们尤为喜爱，下意识地顿生食欲，有亲近之感。

中调花香承托，果韵缭绕，温馨而赏心。让人仿佛置身于大自然的花果丛中，馨香环抱而意乱情迷。高贵的紫罗兰和铃兰，闪闪的，幽幽的，琢磨不透，追风即逝；而玫瑰、茉莉转瞬又来，新旧交织，让人莫衷一是。你感知是不是置身于花圃果园之中？

尾调东方香韵幽幽，绵长而悠远。琥珀是古文明香，少年儿童也许不明白，香草、麝香、柚木等都是留香高手，慢慢去品味，去玩味吧，不忙，来日方长呢……

把清新甜美的“花样年华”香水，送给豆蔻年华的青少年才俊，愿他们生活幸福，青春常在！

另外，香水不是化学品，香水只是一个集香料、辅料与酒精等为一体的物理混合物，无化学反应，只在后续的陈化过程中有些许有益于健康的酯化反应缓慢进行，生成乙酸乙酯等改善酒的口感。才有茅台、五粮液的越陈越香！

“花样年华”是一款有着青少年的喜好，又能体现青少年的秉性。引发他们的好奇心，提早启蒙并开发他们的闻香、识香、审美能力。

各种的花果香，是他们经常能见到，又能闻到的甜清香，又是他们喜闻乐见的大众情人香；他们既是那人见人爱，又是祖国大花园里开得最灿烂、最受欢迎的绚丽多彩的奇花鲜果。

博大精深的东方香文化是祖国的瑰宝，现在不太明白不要紧，但他们会记住一二，长大

了或许帮助他们“回忆童年”；追忆那不平凡的童年趣事和岁月流莹。

“花样年华”的香调清新花果香调，也属于东方花香调系列。

- 前调：晚香玉、佛手柑、苹果、西瓜、肉桂。
- 中调：紫罗兰、玫瑰、铃兰、茉莉。
- 尾调：香草、树梅、琥珀、麝香、柚木。

四十二、“东方精灵”

“东方精灵”香水

现代香水要做好，首先要有好品质，要有中国特色。东方人的生活习俗，民族风情，与西方人不一样的爱好、性格特征，要充分展现，也要博采众长。

“东方精灵”（Oriental Spirit）的清新明亮，甜清幽雅，彰显东方人人文底蕴与深厚的文化内涵。

以东方人最钟情的香韵来诠释东方女性之最爱，无疑这是一件很难做到又必须做到的事情。因为作为全世界公认的博大精深的东方文化，将指引我们发扬前辈艰苦奋斗精神，决心重振中华文化传统，继承和发扬东方古老悠久的中华文化的精髓，学习、借鉴，虚心向香水前辈学习，尽可能缩短与他们的差距，同时也要勇于学习、创新，奋发努力。就像同仁在汽车制造、电视与家电制造、智能手机等领域迅速与发达国家缩短差距一样，做得那么漂亮！

这方面有许多先例做得很精彩，20世纪初从广东台山移民去美国底特律落户的肖志美的先辈，从日本移民去法国的高田贤三与三宅一生就做得相当出色。他们带去了博大精深的东方香文化及其先进理念，他们与所在国的现代文化结合得很好，并创造了东西方文化结合的典范。在他们的众多产品中，都留下了东方香文化的杰出印记，连同他们的品格、姓氏、留下来的许多东方元素，都让我们倍感亲切、自然而深受启发、教育。

在这些榜样的启迪下，我们也认真研究了东方香与中国特色，对我们的启发、激励很

多，很有收获。

“东方精灵”就是我们学习、历练的结晶。

这是一款为青春少女设计的清幽、淡雅的东方香型香水，极具中国特色。所选香原料，大都是东方人耳熟能详，日常喜爱有加的香料，而且多数出现在东方人的食品香料中，倍感亲切、自然。调和后香气清幽温馨，明亮清澈，就像一个情犊初开的少女，显得含羞勉恬，娇艳动人。很适合东方少女使用，不事张扬，玉洁冰清，贤淑雅致。典型的东方风情，温文尔雅。如能配合清新花色套装，更显气质高雅，妩媚动人。

“东方精灵”香调为清新花果香调，尽显中国特色的东方花香调的本色。

- 前调：柑橘、柠檬、葡萄柚。
- 中调：杉、柏、愈创木。
- 尾调：香草、含羞草、香子兰、麝香。

四十三、“花缘情圣”

新创的“花缘情圣”（Cupid）香水。起源于20世纪80年代，好莱坞有一部著名电影，叫“花心情圣”，是由当时非常有名的好莱坞男星汤姆•克鲁斯主演的。把这个电影名中的“心”改成了缘分的“缘”，就成了“花缘情圣”。只要再将那部电影《花心情圣》再看一遍，就知道这个“缘分”的来历了，也知道为什么要改掉那个“花心”了。

众所周知，地球上人类的一切活动，都因为“情感”二字而表达着各种各样的行为。人们在各种活动中，比如用语言、文字，来表达喜、怒、哀、乐，用交流、讨论抒发情怀；还可以通过看影视剧、欣赏小说和文艺作品以及其他的一切交流方式，达成所有的情感交流，这一切都是“情感”；同时有时也以另类的方式，比如吸毒、赌博、酗酒、飙车、吵嘴，打架，直至战争的方式，这都是“情感”的宣泄！

二者都因为“情感”而来，如果调理不当，或者控制不力，以至酿成大祸，甚至造成家破人亡，轻的也会伤筋动骨，黯然神伤。“情感”编演了人世间一幕幕，活生生的活报剧，展示着变化多端的人生百态，多姿多彩，愉悦众生。

这些神伤和情伤是可以用“香”或者“芳疗”来医疗的。

有些人，心胸坦荡，心境平和，不把恩怨放在心上；有些人善于用“香”来调理心态。多多开发好的香源，美化周围环境，美化人们的生活，让人们都在党的阳光、雨露滋润下，化解不和谐的因素。

其实，人类的生活是需要调理的，一个很好的方法，就是提高生活素质——加“香”，一般认为，香水有两点值得推广，一是展示时尚；二是塑造品位。如果人们都采用香来展示时尚和提升品位，就会热爱生活，提升气质，陶冶情操，塑造出一个全新的自我。

“花缘情圣”香水

人们都有一份朴实的感受，那就是“闻香生乐”，快乐也会累积，常有快乐累积，便是健康。

“花缘情圣”的调香，采用变化了的金字塔形三段式香调。这个改变是调香学上一个不小的改变，也把幻想香的调香方法，又向前推进了一步！

前面介绍调香用的仿香调香法，还是初级的调香方法，高一级的调香是幻想香型调香。尽管幻想香型调香已经是世界上不曾出现过的，是用幻想香调香术调出的，但它的主香和围绕主香补充、配合的修饰香，完全是可以主动配合，“拍脑袋”想出来的，当然以后还是要得到周围人的认可，又需得到同仁、朋友认可，推向市场也要有人购买，而且希望越来越多人买，并能长久畅销，最终获得广泛认可，成就名香了！

在香奈尔公司的产品中，杰出的调香师雅克•波热，他创新了一种新的“平行香调”，并且在1996年推出了划时代的“风度”（Allure），并为此获得了世界香坛最高的菲菲大奖！雅克•波热先生终如好香遂人愿，为天下人留香。

我们也学着他的方法，用了27个主香，都是东方香中最具情感因缘的多情香料，平行地排在了前、中、后调里，虽然这还没有脱离金字塔形三段式香调的设计，但也有了变化，在这三组的调性中，每组各个组分之间沸程都有细微的差距，都会出现香氛的变幻。仔细品味，便发现与众不同的香味多变而产生梦幻、“香晕”，获得意外的快感、惬意与香的熏陶！它把幻想香的调性又提升了一大步！

您仔细地品味一下，切身体会一下这香的奇妙，可以得到创新香别具一格的欢乐。

- 香调：东方香调。
- 前调：柑橘、紫罗兰、橙花、八角、梨、香柠檬、玫瑰、覆盆子、红醋栗。
- 中调：木兰花、茉莉、玫瑰、铃兰、荷花、鸢尾花、生姜、李子、兰花、依兰、晚香玉。
- 尾调：琥珀、广藿香、西洋杉、麝香、香草、肉桂、檀香。

四十四、机遇女香

“机遇女香”香水

机遇女香（Opportunity）是一款具有中国特色的东方香型香水。它不仅大多采用东方人所喜闻乐见的香料为主调，而且早为世界香水业界热捧，已出现许多东方香型与东方花香型的著名香水。

追溯世界香水发展的历史，最早发现香料的是东方，最早传播香文化的也是东方。因而在世界香水业界，东方香有着很高的声望。在西方世界看来，由于东方世界有相当长的年代与西方世界的往来较少，无形中产生了一种神秘感，加之史上为寻找香料与开发香料的应用以及东西方许多文化交流历史中，充满了传奇色彩，这也给东方香充满了诱人的神秘感。

这款机遇女香的香型是目前世界最流行的香水之一，深得知识女性及年轻人的喜爱。它的东方香韵和切合东方人的生活习性、民族风情，很容易引发东方人的共鸣与好感。因此它能在年轻人和知识女性的群体中持久流行并喜爱！

机遇女香的头香为非常清晰的东方香，像东方著名的辛香，家喻户晓，很亲切，其中淡淡的麝香味是来自一种麝香葡萄的水果味，别具一格。中调有胡椒、柑橘、香根草等，是我们经常喜闻乐见的香韵，倍感亲切。尾调留香悠长，延续主香调带来的余香幽韵，回味无穷！

这款“机遇女香”，正是在2013年12月刚刚成立深圳市新雅潮香业有限公司时就着手制作的香水，也正是刚向国家专利局提交高端香水的发明专利申请的时候，正是这样的自信，坚持制作了这款香水。巧的是，2016年4月21日，国家专利局，批准了这一发明专利，也于2016年7月6日获得了发明专利授权书。这款“机遇女香”也打响了新春头一炮！

- 香调：东方花香调。
- 前调：风信子、麝香葡萄。
- 中调：粉红辣椒、茉莉、香根草、柑橘。
- 尾调：鸢尾花、琥珀、广藿香。

四十五、“天堂香梦”

“天堂香梦”香水

“天堂香梦”（Tartaros）用皇家园林里的天堂之花，带着人们如醉如痴的梦幻遐想，调配出一款只有天国里才能呈现的花容月貌，雅韵幽香，引发人间一阵热情温浪，是什么？如此不同凡响，不落常套，仿佛一位仙风缥缈玉树临风的女神移步前来，带给人间一片幽雅、温馨的氛围。

据说有一种名为伊甸青雾的珍奇名花，降花露于民间融天地之灵气，聚日月之精华，造就了这款人世间最美好的雅韵幽香，堪称天作之合！大众闻之，不禁点赞曰：“此香只应天上有，人间难得几回闻？”

其实，这款花香型香水，带给我们的首先是梦幻。用了一种特殊花香来起噱头！它的关键词是幻想香。说是这个伊甸园区摘来多种珍奇花香料，把人们分三步引入愉悦、安详、清新的天堂一般的梦幻境界，令人如醉如痴。

说来这个幻想香的概念还没有令人们想明白，所以很多人还在老旧香的范畴里转不出来，言必称玫瑰、茉莉或古龙水之类的。欧美人欣赏香水就是因为那幻想香的概念正对她们的胃口。其实，几乎所有的名香水都是幻想香。它带给人的首先是引发想象力，创造悬念，进而施以魅力攻势。其实，这类幻想香就是懂香的人随心所欲弄起来的，只有破除思想上的枷锁，学会“喜新厌旧”，练就“随心所欲”才能追求完美。我国有很多高雅的天然香花，如桂花、夜来香、玉兰、薄荷、留兰香、丁香、迷迭香、天竺葵、水仙、依兰、紫罗兰、海棠、牡丹、香子兰、广藿香、鸢尾、金合欢、玫瑰、茉莉等。通过“随心所欲”地来搭配调制，练久弥新，反复磨炼，定能调配出更多更新更有创意的新香来，年轻的朋友们，你们有兴趣吗？敢干吗？东方香的美丽大花园里，期待你们都来创新求变，展望前程，实干创未来！

说来也巧，我们用的这珍奇花主香，叫做“伊甸清雾”，就很适合浪漫人士那种随心所欲的处世风格。有想法、不拘泥，让新鲜与约束同在，热烈与冷静互补。让我们的心灵始终陶醉于幽雅、开怀之中，获得赏心悦目的享受！

香的世界已经有大自然给我们创造了一个很好的基础园林，以后要靠我们人类自己用睿智和勤奋来装点、改造、创新、再创新。才会有更加美好的新香世界！

- 香调：棱光花香调。
- 前调：伊甸清雾、柑橘、兰风信子、哈密花香蜜、贾布提卡巴果。
- 中调：狗牙花、嘉德丽雅兰、卡特利雅兰。
- 尾调：斑马木、白千层树皮、黄葵子。

四十六、知遇女香

“知遇女香”香水

曾经在2014年上海气味博物馆推出的初遇女香，有过走俏的开端；随后，以发明专利技术201410065651.9为技术底蕴的机遇女香问世，并很快就销售一空。受很多喜爱香水的名媛、贵夫人，乃至众多香迷之约，于2017年9月推出小巧玲珑的袖珍型15毫升包装知遇女香（Fluke）。 瓶身简约经典的造型，体现了东方风韵，高雅迷人的一贯格调。精致的包装设计加烫金、凸雕，高雅，别致，令香氛更加富有质感，传递出奢华纯净的迷人魅力。在炎炎夏日带去令人陶醉的花香，并夹带着夏日冲凉般的清新感。在凉爽与冷静之间，它实现了对清爽与柔和的渴望，以不可抵御的清新美味温柔地包裹着肌肤。

前调有清新的常春藤叶，甜美的柑桔果，在象征幸福、美满的东方名花桂花的引领下，聆听到来自心灵深处的点赞声。柑橘前调融入了常青藤的草木香气，令人顿感清新怡人，代表秋天气息的桂花在夏日里送去一抹清凉舒爽的丰收喜悦，也夹带着人见人爱的极富情感的依兰幽韵。

中调着重突出女性特质，引出花果甜清香为主的香调特色，橙花、兰花、玫瑰与紫罗兰逐渐呈现出温和优雅的争奇斗艳，随着紫罗兰和玫瑰带来浓郁的芬芳，会使人们感到亲切而甜蜜，催生柔情蜜意，融汇出“知遇之恩”！

尾调在香草和麝香中加入黑莓果香，持续着美妙清甜的香氛体验。在这里将回忆出最难忘的记忆，大马士革的李子、最后一滴的葡萄汁，混合着麝香与木头味的黑醋栗会将快乐的时光、风味延时给朋友分享。

- 香调：东方花香调。
- 前调：桂花、常青藤、依兰、柑橘。
- 中调：紫罗兰、兰花、橙花、玫瑰。
- 尾调：黑莓、香草、白麝香。

后记

《魅力香水的品香与审美》第一版已经经历了七个年头，我国又发生了很大的变化。特别是2012年习近平总书记提出了“两个一百年”的奋斗目标和中华民族伟大复兴的“中国梦”，既鼓舞了人心，又掀起了人们为实现“中国梦”而努力奋斗的热潮。

作为紧密联系健康人生的大健康产业的香业，也迎来了事业发展中难得的新机遇！

前两年的一次央视商城在深圳的招商会上，我有幸应邀参加了这次盛会，聆听了我国香港著名大企业家、杰出的投资家李嘉诚老先生的一番忠告，他说：“一个很有潜质的行业，因为某种原因还没有普遍受到关注，处于低潮，人们不重视它，关注度不到5%，你就应该积极介入，参与其中；而当某个行业已经广为人们重视，有50%的人积极参与其中，你就应该退出，只做消费者或者旁观者。”2005年，李嘉诚老先生收购欧洲香水零售商的举动正是体现了这种投资理念的典范。

我认为，我国目前的香水业的关注度远不到5%，甚至于不足1%，在远郊的农村可能难有千分之一。随着我国经济的中高速的发展，改革的不断推进，科技发展会更加突飞猛进。这给我国的香业发展，创造了非常良好的发展机遇。

原本是东方文化起源并推动香文化发展进步的香水业，经历了一次1889年“现代香水”的冲击，成了“落伍者”。而聪明的法国娇兰家族以及他的同辈人，巧妙地用他们深入研究并吸取的东方香文化，在没有东方人参与的“现代香水”运动中，成功地建立了的“娇兰王朝”。而且还推出了东方香调的“姬琪”（Jicky）香水，确立了以金字塔型三段式香调的“现代香水”架构，从而确立了法国在世界香水业界的领导地位！

然后，它又率先发起最先引领时尚潮流的时装业，开一代新风，积极发展新兴的香水业，迅速地促成时装、香水业的比翼双飞，成就了大批的时装、香水世界名牌，站立在世界时尚产业之巅，并引领世界的时尚新潮。

而这个形成过程，只有短短的三十年，1921年5月5日，法国时装、香水大师级的加布丽娭•香奈尔，用一款举世闻名的“香奈尔5号”（Chanel No.5）宣告了其在“现代香水”的领导地位，使法国及其发达国家成了时尚产业的领头羊，时装香水业更是成了法国等国的摇钱树！

原本是东方文化的启源地、以博大精深的东方文化著称的中国，却在在时尚产业、香水时装业中成了落伍者。

在即将结束这本书的写作并将付印的时候，我还是要说一说我这个年近八旬老者的一点心愿：希望朋友们努力发展香业，因为它是大健康产业，新型的礼品业，广泛而底蕴深厚的文化产业。要多用香，用好香，关注这个不仅健身而且健心的健康产业，同时要更好地继承和发扬博大精深的东方香文化，重振我们祖先开创的东方香文化的辉煌，并更加发扬光大！

陈孟桃

2017年12月